野生动物大探秘

掠食动物探秘

[英] 北巡出版社 ◎ 编

张琨 ◎ 译

甘肃科学技术出版社

图书在版编目（CIP）数据

掠食动物探秘 / 北巡出版社编；张琨译． — 兰州：
甘肃科学技术出版社，2019.12
ISBN 978-7-5424-2734-2

Ⅰ．①掠… Ⅱ．①北… ②张… Ⅲ．①食肉目－野生
动物－儿童读物 Ⅳ．① Q959.83-49

中国版本图书馆 CIP 数据核字（2020）第 013539 号

掠食动物探秘

［英］北巡出版社 编
张琨 译

责任编辑 杨丽丽
编 辑 贺彦龙

出 版 甘肃科学技术出版社
社 址 兰州市读者大道 568 号 730030
网 址 www.gskejipress.com
电 话 0931-8125103（编辑部）0931-8773237（发行部）
京东官方旗舰店 https://mall.jd.com/index-655807.html

发 行 甘肃科学技术出版社 印 刷 凯德印刷（天津）有限公司
开 本 889mm×1194mm 1/16 印 张 8 字 数 110 千
版 次 2020 年 10 月第 1 版 2020 年 10 月第 1 次印
刷书 号 ISBN 978-7-5424-2734-2
定 价 88.00 元

图书若有破损、缺页可随时与本社联系：0931-8773237
本书所有内容经作者同意授权，并许可使用
未经同意，不得以任何形式复制转载

目录

蛇

更多地了解一下这蜿蜒爬行的动物。

蛇，遍布各处的蛇

根据骨骼结构，蛇被分为 11 科。大家比较熟悉的包括游蛇、眼镜蛇、蝰蛇、蝮蛇、蚺蛇和蟒蛇。

■ 这种颜色鲜艳、像血红色玉米一般的蛇属于游蛇科，它基本是无害的。

游蛇

游蛇科家族的蛇普遍被称为游蛇。游蛇科的蛇大约有 1 800 种，这是拥有品种最多的蛇科，其中包括大多数无害的蛇，比如鼠蛇、普通水蛇和草蛇。

眼镜蛇

眼镜蛇科由 250 多种有毒的蛇组成。而通常用眼镜蛇代指整个眼镜蛇科家族，这个家族的蛇包括所有眼镜蛇、环蛇、曼巴蛇和珊瑚蛇。

蝰蛇和蝮蛇

蝰蛇主要分为真蝰蛇和蝮蛇两大类。蝰蛇科由 50 种真蝰蛇组成。拉塞尔蝰蛇是一种真蝰蛇。蝮蛇属于蝮亚科，这个蛇科大约有 100 种蛇。它们的眼睛和鼻孔之间有具备热探测功能的凹陷处，这个特点使它们与蝰蛇不同。响尾蛇和巨蝮蛇都是蝮蛇。

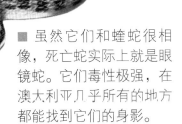

■ 虽然它们和蝰蛇很相像，死亡蛇实际上就是眼镜蛇。它们毒性极强，在澳大利亚几乎所有的地方都能找到它们的身影。

蚺蛇和蟒蛇

水蚺和蚺蛇属于蚺蛇科。在蚺蛇科的 70 种蛇之中，大多数品种的蛇体形巨大，肌肉发达，它们会盘绕并杀死猎物。水蚺被认为是最重的蛇。蟒蛇属于蚺蛇科的一个亚科，它们也会通过令猎物窒息，来杀死猎物。

有趣的事实

蚺蛇家族的蛇被认为是世界上最古老的蛇类。它们甚至在恐龙时代就存在了。此家族的蛇是唯一拥有两个肺的蛇，而不是只有一个细长的肺！

认识毒尖牙

鉴别不同种类的蛇最简单的方法之一是看它们的牙齿和毒牙。不同种类的蛇，牙齿结构和排列方式不同。大多数毒蛇的上颌有两个中空的毒尖牙。根据牙齿和毒牙的不同，蛇被大致分为四类。

■ 虽然大多数后毒牙蛇对人类来说并不危险，但非洲毒蛇的咬伤可能是致命的。

无毒牙蛇

无毒牙蛇

这些蛇被称为无毒牙蛇，它们没有毒牙用来注射毒液。但它们有几颗向内弯曲的大牙齿，这有助于它们抓住并杀死猎物。无毒牙蛇包括盲蛇、蟒蛇、蚺蛇和部分游蛇。

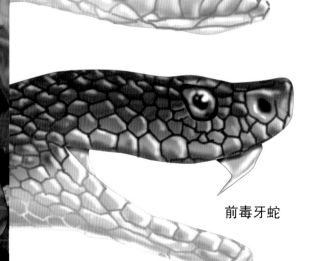

后毒牙蛇

前毒牙蛇

后毒牙蛇

这种蛇被称为后毒牙蛇，它们有2~4颗长牙。顾名思义，这些尖牙朝向蛇嘴的后部生长。这类蛇中有许多是游蛇。

前毒牙蛇

几乎所有的眼镜蛇都是前毒牙蛇，或称前沟牙蛇。它们的尖牙是固定的。因为牙齿不能折叠，所以必须很短——确保蛇闭上嘴时不会咬到自己。眼镜蛇是最著名的前毒牙蛇。

■ 毒蛇的长毒牙能帮它们将毒液注射到猎物体内。

毒牙鞘
毒液腺
毒液管
空心的可伸缩毒牙
眼睛
鼻孔
热传感凹陷

管牙蛇

所有蝰蛇和蝮蛇都属于这一类。这些蛇的上颌前部长有长长的毒牙。这些毒牙可以随意移动，不用的时候可以折叠起来。

小而弯曲的牙齿
可伸缩的声门，能让蛇在呼吸的同时摄入食物
分叉的舌头

有趣的事实

非洲的加蓬蝰蛇的毒牙最长，长度可达 5 厘米。有趣的是，加蓬蝰蛇的毒液并不像其他蛇的毒液毒性那么强。

鳞片的故事

蛇有长长的圆柱形身体，它们的骨骼结构和器官都能适应这种身形。蛇的身上覆盖着干燥的鳞片。蛇腹部的鳞片更大，有助于它们抓住地面。

■ 人们通过研究蛇鳞片上独特的花纹，很容易识别它们。例如，印度眼镜蛇的头顶上有一种眼镜形状的图案，这使它们有别于家族中的其他蛇。

整体长度

蛇的身体细长，很适合它们爬行和钻洞。由于蛇的身材又长又窄，像肺和肾这样成对的器官，都是一前一后排列的。大多数的蛇只有一个狭窄的肺，但一个肺却可以完成两个肺的工作。在某些海蛇之中，肺会延伸至整个身体，以保持蛇能在水面上漂浮。

有趣的事实

蛇并不能闭上眼睛！这是因为它们没有可以活动的眼睑。蛇的眼睛由一种特殊的透明鳞片来保护，这种鳞片被称为"透明膜"或"眼镜"。

适应环境的身形

蛇的不同体形取决于它们栖息地的不同。像蝰蛇和眼镜蛇这样的蛇，有着圆滑的身体和强壮的肌肉，这有助于它们更好地抓住沙子和岩石。水蛇和海蛇的身体扁平，尾巴像船桨一样，这有助于它们在水中行进。

■ 这条非洲食卵蛇能吞下相当于它头部3倍大小的蛋！这是因为它特殊的下颌结构和间质皮肤之间的褶皱，它们为蛇提供了很好的灵活性。

全新的皮肤

随着时间的推移，蛇的皮肤外层会老化，需要定期更换。在下层全新的、健康的皮肤生长好后，表层的皮肤就会脱落，这个过程叫作蜕皮。有些蛇每隔20天就会蜕皮一次，而有些蛇一年只蜕皮一次。

■ 为了除掉旧皮，蛇会用身体摩擦岩石或其他粗糙的表面，然后它们会从死皮中爬出来，将旧蛇皮翻转过来。

会讲故事的鳞片

人们可以通过观察蛇的鳞片来判断它在哪里生活。蛇的鳞片可能粗糙，也可能光滑，这取决于蛇生活的环境。生活在湿地、沼泽和河流中的蛇有龙骨状（脊状）的鳞片，这能帮它们在潮湿的环境中保持平衡。某些水蛇和海蛇有粗糙得像砂纸一样的鳞片，这能帮助它们更好地抓住猎物。穴居蛇有着光滑的鳞片，这使它们能很容易地在土壤中移动。

光滑的皮肤

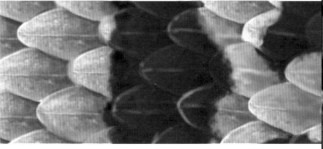

粗糙的皮肤

敏锐的感官

蛇依靠嗅觉、热感、视觉、听觉和触觉等多种感官活动。有些蛇的感官比其他蛇更加灵敏。历经数百万年的进化，蛇已经拥有动物世界中独一无二的感官。这些特征的形成大多是因为它们生活在地面，并且没有腿。

蛇的上唇有个小开口，蛇不需要张嘴就能把舌头弹进弹出。

听觉和触觉

蛇没有外耳，但它们能听见声音。地面震动能通过蛇的身体被传送到连接蛇下颌和头骨的骨头上。蛇的内耳能接收到振动。蛇的触觉也很敏感，它们能感觉到地面上最细微的变化。

不仅是个鼻子

蛇有鼻子，但它们拥有另一种高级嗅觉器官。它们分叉的舌头能捕捉到化学物质的痕迹，并将其转移到上颌的四陷处。这些四陷被称为雅各布森器官，能分析化学物质，从而帮蛇识别猎物。

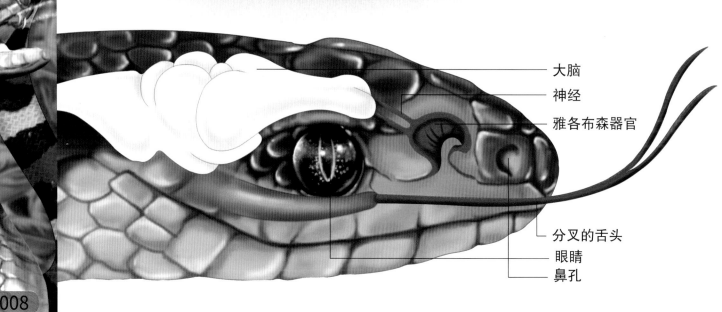

大脑

神经

雅各布森器官

分叉的舌头

眼睛

鼻孔

加利福尼亚夜蛇

险中取胜

　　某些蛇，比如加利福尼亚夜蛇，能够感知其他生物的体温。这种功能在蝰蛇、蚺蛇和蟒蛇中最为发达。蛇身上的热探测传感器能捕捉到猎物和周围环境之间的温差。因此，蛇即使身处黑暗中也能发起攻击。

鞭蛇（白日猎手）

发现猎物

　　大多数蛇的视力都很好，但因为它们是地面生物，所以视野有限。它们善于察觉运动中的事物，但识别颜色的能力较弱。蛇的眼睛也能适应周围的环境。与夜间猎食的蛇相似，会捕鸟的树蛇瞳孔很大。有些穴居蛇，如盲蛇，它们的眼睛只能分辨光明和黑暗。

真相档案

　　热传感器能检测到低至 0.02 摄氏度的温度！

　　蝰蛇的热传感器位于眼睛和鼻孔之间。在蚺蛇和蟒蛇头部两侧的边缘，也能找到这些热传感器。

　　盲蛇无法看清物体，它们只能探测光明和黑暗。

有趣的事实

　　某些动物，比如西伯利亚花栗鼠，会用蛇尿弄脏自己，或者在死蛇身上打滚，让自己闻起来像蛇。研究表明，蛇不太可能攻击与自己气味相似的猎物！

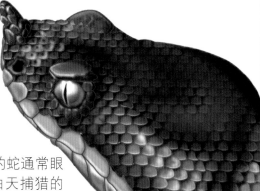

角蝰蛇
（夜晚猎手）

　■ 夜间活动的蛇通常眼睛小，而在白天捕猎的蛇有大眼睛。有些蛇，比如藤蛇，甚至有三维视觉，因为它的眼睛位于蛇头的前部。

在移动中

蛇已经发展出一种有效的移动方式，这大大弥补了它们没有腿的缺陷。这种滑行运动可能意味着它们没有骨头。事实上，蛇依靠骨骼、肌肉和鳞片移动。肌肉帮助肋骨向前和向后拉动鳞片，从而帮助身体移动。蛇有四种不同的移动方式。

直线运动

蜿蜒运动

伸缩运动

■ 棕树蛇用伸缩运动来爬树。它首先把尾巴缠绕在树枝上，再用脖子抓住更高的树枝，然后再把身体的其他部分拉起来。

蜿蜒运动

大多数蛇使用蜿蜒运动，这种方式也被称为横向波动。蛇通过收紧和放松一组肌肉产生肌肉波，并移动身体。蛇会用尾巴顶着地面。这两个动作一起将蛇以"S"形向前推进。有些蛇能以 10 千米 / 小时的速度移动。

伸缩运动

在这个动作中，蛇将身体的前部固定在表面上，并将身体的其余部分向后拉起。然后它用身体后部推进身体前半部分前行——就像毛毛虫一样。大多数蛇用这个动作爬树，并在狭窄的空间内移动。

沙漠中的蛇，比如侧进响尾蛇，会侧身移动。它们只有一小部分身体接触到炎热的地面，给人们的印象是它们在跳跃。

侧滚运动

这是一种颇为壮观的运动，蛇靠这种运动在沙地上移动。它们将头部固定在地面上，将身体形成一个弧线形后，侧推身体行进。在接触到沙子之前，蛇身体的一部分会在空气中穿行。

侧滚运动

直线运动

像蚺蛇和蟒蛇这样的大蛇就是以这种方式移动的。它们伸展腹部下的鳞片推动地面，并按相对直线的方式移动身体。

■ 海蛇和其他水蛇以侧向运动在水中游泳。它们将身体侧推向水面，并用桨状的尾巴提供额外的推力。

家谱

蛇的社会性不强。它们喜欢独自生活和捕猎。一条公蛇、一条母蛇和它们的幼蛇确实能构成一幅不同寻常的画面。

■ 幼年的响尾蛇和成年响尾蛇一样危险。它们一出生就长有带毒液的短尖牙。

有趣的事实

有时幼响尾蛇还在母体内，母响尾蛇就被杀死了。这就产生了一个神话：为了保护幼蛇不受捕食者的伤害，响尾蛇妈妈会吞下它的孩子。

生日快乐

蛇有两种不同的生育方式。大部分蛇产卵，然后小蛇会从卵里孵化出来。这种蛇被称为产卵蛇。有些蛇却并不产卵。相反，小蛇会在母亲体内孵化出来，然后母蛇会生下它的孩子。这些蛇是卵胎生的。

原来如此！

蛇卵柔软、坚韧而粗糙。蛇卵的外壳不像鸟卵那么硬。小蛇需要花些时间才能从卵壳中挣脱出来。蛇会把卵产在潮湿而温暖的地方，并试图将蛇卵隐藏起来，以躲避食肉动物。

■ 大多数的猛禽都吃蛇。鹰和猫头鹰都以成年蛇和幼蛇为食。

真相档案

蛇卵的外壳并不坚硬，却有韧性。

新生蛇的存活率不到10%。它们中的大多数不是被食肉动物吃掉，就是被人类杀死。

卵胎生蛇包括蝰蛇、响尾蛇、束带蛇和铜头蝮蛇。

妈妈的爱

蛇妈妈并不是很体贴。它们不会和新生的小蛇相处太久。但也有例外，例如，印度蟒就非常保护它们的卵，把身体缠绕在卵的周围，颤抖着来保持卵的温暖。眼镜王蛇也会为它们的蛇卵精心筑巢。

年轻而勇敢

新生的小蛇就非常独立，能够照顾自己。在某些情况下，它们可能会比自己的父母更凶狠。它们蜕皮也更为频繁。由于幼蛇很小，它们总是处于被鸟类和其他蛇捕食的危险之中。王蛇和眼镜蛇就以身材较小的蛇为食。

■ 刚出生的翡翠树蚺通常是红色或橙色的。在一年时间里，这种蛇慢慢地变成了金黄色，然后彻底变为绿色。这种现象被称为"少年多态性"。成年蛇的绿色随着年龄的增长会越来越深。

攻击和防御

大多数蛇天生并不具有攻击性。它们只有在为了获取食物和自卫的情况下，才会发起攻击。由于蛇没有腿，它们养成了独特的捕猎方式和保护自己的方法。

攻击方式

最常见的攻击方式是咬住猎物。像眼镜蛇这样的蛇，在发起攻击时会离开地面很高。但大多数蛇，如蝰蛇和蝮蛇，会缓慢而安静地爬上来，待猎物触手可及时迅速出击。如果感到猎物很危险，蛇会在咬到猎物后就放开它，等着毒液慢慢发挥作用。

■ 大多数的毒蛇会将毒液注入猎物体内，等待猎物死去。但它们中的一些蛇会将猎物活活吞下。大多数树蛇，像这条鹦鹉蛇，会用尾巴抓住树枝，倒挂着把猎物吞下去。

■ 眼镜蛇的毒液是一种神经毒素，能影响神经系统。毒液能使控制心脏和呼吸系统的神经麻痹。眼镜蛇对同类产生的毒液具有免疫力。

缠绕致死

像蚺蛇和蟒蛇这样的蛇是无毒蛇。它们有其他杀死猎物的方法。这些蛇用身体盘绕着猎物，然后慢慢收紧自己的身体，直到猎物窒息而亡。水蚺有时会把猎物拖到水下淹死。

撤退策略

　　蛇天生就具备防御能力。它们会将自己伪装成与地面颜色相同的色调，这使捕食者很难发现它们。举例来说，有些树蛇的颜色和树叶一样绿，它们遇到危险时就会躲藏起来，一动不动。有些蛇，例如假珊瑚蛇，会模仿毒蛇的颜色来愚弄攻击者。有些眼镜蛇的后脑勺上长有假眼斑，用来吓跑捕食者。然而，如果蛇得到及时警告，大多数蛇还是喜欢逃到安全的地方。

真相档案

　　响尾蛇会摇动尾巴，以警告捕食者。猪鼻蛇将翻身装死作为一种防御机制。

　　鸟是蛇最大的敌人。

　　蛇吞下猎物的整个过程并不会挤压猎物。蛇会阻止猎物呼吸，使它窒息而亡。

■ 左图这两种蛇都生活在中美洲。它们有相同的颜色和条纹，这使它们看起来像同卵双胞胎！但如果仔细观察，你会发现假珊瑚蛇的尾巴有红色，而珊瑚蛇的尾巴是黄色和黑色的。

有趣的事实

　　据说中国太极拳是受到蛇的速度和控制运动的启发。太极拳是关于反射、柔韧、平衡和专注的运动，是一种流行的放松和自卫方式。

响尾蛇发出的嘎嘎声

创新

　　蛇有特殊的防御技术。当然最著名的是响尾蛇，它们会摇着有鳞的尾巴发出很大的声音。眼镜蛇会举起"兜帽"，发出嘶嘶声警告。有些无害的蛇会张大嘴巴吓唬攻击它们的人。猪鼻蛇甚至可以装死！

眼镜蛇

眼镜蛇以其致命的咬伤和能膨胀的头罩部位而闻名。当受到干扰时，它们会张开这个头罩，创造出既可怕又迷人的画面。几种眼镜蛇遍布亚洲和非洲。

眼镜王蛇

这是世界上最长的毒蛇。它们平均体长 3.6 米，但已知能长到 5.5 米。它们橄榄色或棕色的皮肤上常有黄色或白色的条纹。它们会发出低沉的嘶嘶声，听起来更像狗的咆哮。眼镜王蛇头罩上的图案与其他眼镜蛇没有区别。眼镜王蛇在攻击时必须将身体抬高，因为它们只能由上向下攻击。事实上，它们可以上升到 1.8 米——这是一个成年男子的身高！

■ 埃及眼镜蛇，分布在非洲北部海岸。古埃及人相信这种蛇会喷火。法老用这种蛇作为自己皇冠上的保护标志。

眼镜王蛇的毒液

眼镜王蛇的毒液不如其他眼镜蛇的毒液毒性强。但人们担心它们会在咬人时，向人体内注射更多的毒液。眼镜王蛇主要以其他蛇为食，除非受到干扰，否则不会攻击人类。它们的毒液足够杀死一头大象。

■ 眼镜王蛇是唯一会为自己的卵筑巢的蛇。雌眼镜王蛇用树叶、树枝和泥土在竹林里筑巢。

喷毒眼镜蛇

这种蛇能将毒液从大约 2.5 米之外的地方，直接喷射到受害者的眼睛里，并造成暂时失明。这类毒蛇中的黑颈喷毒眼镜蛇和莫桑比克喷毒眼镜蛇比较出名。

■ 眼镜蛇通常只把喷射毒液滴作为一种防御方式。在捕获猎物时，这些眼镜蛇必须要咬住猎物，才能注射毒液。

双眼眼镜蛇和单眼眼镜蛇

双眼眼镜蛇，也就是印度眼镜蛇。这种蛇的后脑勺上有一个双目镜形状的图案。它们的头顶比眼镜王蛇的大得多。眼镜王蛇的头顶上有一个相似的图案，但只有一个环。

有趣的事实

东方舞蛇人通过让蛇随着长笛的音乐摇摆身体，来娱乐大众。但是眼镜蛇是听不到笛声的。实际上，它是在对长笛的移动做出反应。

■ 尽管印度眼镜蛇造成大量的人员死亡，但它们的毒液却可以用于止痛药和抗毒液的研发。

曼巴蛇和环蛇

　　曼巴蛇和环蛇都属于眼镜蛇家族。曼巴蛇是一种出没于非洲的毒蛇，它们身材细长，行动敏捷。它们有一双大眼睛，大多数喜欢待在树上。环蛇只生长在亚洲。它们的体形更为纤细，头部很窄。

黑曼巴蛇

　　这是所有曼巴蛇中最著名的一种，人类对它们的速度和毒液充满恐惧。尽管它们的名字是黑曼巴，但它们实际上不是黑色的蛇。它们的身体呈棕灰色，腹部颜色较浅。黑曼巴蛇的名字来源于它们口中的紫黑色的条纹，当这种蛇感到威胁时，就会展示出自己口中的条纹。黑曼巴蛇以小型哺乳动物和鸟类为食。它们在地面上停留的时间更长。黑曼巴蛇通常会成对或成群出现。

■ 春季，人们能看到雄性黑曼巴蛇在打架。它们在战斗中会把自己的身体抬高，并互相缠绕，这常常被误认为是在交配。

绿曼巴蛇

　　曼巴树的亮绿色有助于绿曼巴蛇藏身。这种蛇以小鸟和蜥蜴为食。与黑曼巴蛇不同的是，绿曼巴蛇喜欢独来独往。东部绿曼巴蛇是曼巴蛇家族中体形最小的。

真相档案

黑曼巴蛇体长
3~4 米。
绿曼巴蛇体长
1.2~2 米。
绿曼巴蛇每窝产卵数
10~15 个。
金环蛇体长
2.4 米。
环蛇每窝产卵数
10~12 个。

■ 环蛇在距离人类栖息地很近的地方生存。它们还喜欢藏在人的鞋子、帐篷和睡袋里。由于它们的这种特殊行为，环蛇发起的大多数攻击都具有偶然性。

普通环蛇

这种蛇一般是蓝灰色的，身上有白色细条纹。它们能长到 1.8 米。普通环蛇经常出没于开阔的草原地带和半干旱地区。它们也会出现在耕地和潮湿地区，如水井和水槽附近。

金环蛇

金环蛇身上有黑、黄相间的条纹。这种蛇在印度很常见。像大多数环蛇一样，这种蛇经常吃其他的蛇，甚至包括同类。

有趣的事实

环蛇毒液的毒性是眼镜蛇的 15 倍，但是金环蛇并不危险，因为它们根本没有攻击性。它们白天更喜欢四处闲逛，没有充分的理由也不会咬人。

019

珊瑚蛇和海蛇

珊瑚蛇出没于中美洲和南美洲。它们的体形很小，颜色也很鲜艳，但毒性很强。海蛇最常见于印度洋和太平洋的温暖水域。它们的身长并不长，但毒性要比响尾蛇强 10 倍。珊瑚蛇和海蛇也属于眼镜蛇科。

■ 并非所有的珊瑚蛇都有颜色鲜艳的条纹。在白化珊瑚蛇中，条纹可能完全不存在，或者本该黑色的条纹变成了灰色的，或彻底消失。黄色和红色条纹可能是正常的，也可能非常微弱。

盘绕的故事

珊瑚蛇有着红色、橙色、黄色和黑色的条纹，非常有吸引力。但人们很少能见到这种蛇，因为它们在夜间捕猎。珊瑚蛇有小而固定的尖牙，只有被攻击时才会咬人。它们有一个习惯，当受到威胁时，会蜷缩成一团。

有趣的事实

海蛇可以在水下待很长一段时间，因为它们的肺几乎延伸到全身。它们也可以通过皮肤呼吸。

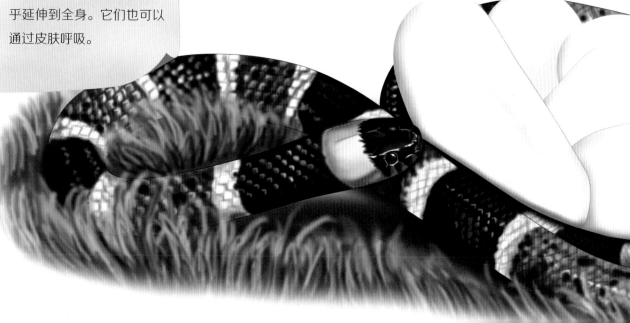

海环蛇

这是体形最大的海蛇，生活在除了大西洋外的大部分海域中。海环蛇也很适合在陆地上生活。它们上岸消化食物和蜕皮，也会在陆地交配产卵。

■ 黄腹海蛇是唯一真正的海蛇，它们从不离开水面来到岸边。晚上，这种蛇会潜到海底，并在那里停留近 3 个小时，然后浮到水面呼吸。

■ 珊瑚蛇在夏天每次产卵 2~13 个。幼蛇大约在 60 天之后就能孵化出来。

■ 众所周知，菱斑水蛇会张开嘴在水中游泳，并尽可能多地吞下鱼和其他较小的生物。

真相档案

海蛇的尖牙大小
2.5~4.5 毫米。
海环蛇的长度
0.75~1.2 米。
海蛇游到海洋的深度
45 米。
珊瑚蛇的长度
51 厘米。

黄腹海蛇

顾名思义，这种蛇的腹部是鲜黄色的。虽然是毒性最强的蛇之一，但它只有在受打扰时才会发起攻击。黄腹海蛇是所有海蛇中游行速度最快的。

蝰蛇

蝰蛇是高度进化的毒蛇。它们属于蝰蛇科，分布在除澳大利亚以外的全球大部分的热带地区。它们也被称为真蝰蛇，或旧大陆蝰蛇。与蝮蛇或者说新大陆蝰蛇不同，它们的头顶没有热探测的凹陷。

乌萨巴拉树蝰蛇

■ 睫角棕榈蝮蛇和乌萨巴拉树蝰蛇看起来非常相似。这两种蛇都生活在树上，它们的眼睛上方有尖尖的鳞片，看起来像睫毛。它们甚至连颜色也很相似。然而，乌萨巴拉树蝰蛇身上没有热传感器，这使它们成了真蝰蛇。

睫角棕榈蝮蛇

可怕的毒牙

蝰蛇已经演变出一套复杂的生存系统。它们有着大而中空的尖牙，尖牙不用时可以被折叠起来，安放在嘴的顶部。蛇咬东西时，毒液会从这些尖牙中排出。这些毒牙如此锋利，毒液如此强大，蝰蛇只需咬上一口就足以杀死猎物。

拉塞尔蝰蛇

这种危险的蛇遍布东南亚地区。它们是剧毒蛇，造成了很多人的死亡。拉塞尔蝰蛇并不是很长，但它们的动作快速而准确。

加蓬蝰蛇

也被称为加蓬咝蝰，它们的尖牙是所有蛇中最长的——长至 5 厘米！它们是体形最大的旧大陆毒蛇，身长可达到近 2 米。它们是一种陆栖蛇，擅长在树叶中伪装自己。

蝰蛇

最著名的品种是普通蝰蛇，又叫普通欧洲蝰蛇。尽管蝰蛇有毒液，但它们并不具有攻击性。蝰蛇是英国唯一的毒蛇，长度不到 1 米。

有趣的事实

只要蝰蛇的毒液不进入血液，它就是无害的。

■ 大多数蝰蛇采用等待观察的方法捕猎。有些蝰蛇，像这个沙漠角蝰蛇，采取伪装战术。它们把自己埋在沙子里，伏身让猎物靠近。在沙子上方只能看到它的头部。

蝮蛇

蝮蛇是一种新大陆毒蛇。像旧大陆毒蛇一样，它们也有长长的尖牙。但正是它们头上的凹陷，或者说热探测器官，使得蝮蛇真正与众不同。大多数蝮蛇都有剧毒，受到打扰时会发起攻击。

铜头蝮蛇

铜头蝮蛇是美国危害最小的毒蛇之一，它们的攻击性不强，毒液的毒性也很弱。铜头蝮蛇的外表很吸引人。它们有几种颜色，如棕色、粉色、橙色或黄色。蛇嘴附近还有一条亮黄色或橙色的线。

巨蝮蛇

这是南美洲最长的毒蛇。它们被认为是世界上体形最大的蝮蛇，长度超过3米。它们的鳞片粗糙，通常是棕色或粉红色。巨蝮蛇喜欢不受任何干扰的热带雨林环境，茂密的树叶为这些蛇提供了很好的保护，使它们免受捕食者的攻击。

■ 一条雌性巨蝮蛇把它的卵产在其他动物打造的地洞里。有时，巨蝮蛇甚至会与特定的动物共享洞穴。产卵后，蛇会保护蛇卵，直到它们孵化完毕。在这70多天的时间里，巨蝮蛇甚至不会离开洞穴去捕猎！

矛头蝮蛇

这是另外一种来自中美洲和南美洲的臭名昭著的蝮蛇。它们有几个名字,如黄下巴蛇、黄尾巴蛇和黄须蛇。据统计,它们在美国所导致的死亡人数要比其他美国任何一种蛇都多。它们主要生活在地面上,偶尔也会爬树和游泳。矛头蝮蛇身上有深色的箭头标记,能很好地融入周围环境。

■ 蝮蛇的热探凹陷位于眼睛和鼻孔之间。

颊窝

真相档案

科
蝰蛇科。
亚科
蝮亚科。
巨蝮蛇的长度
2~3.7 米。
巨蝮蛇的卵孵化天数
76~79 天。
矛头蝮蛇的分布
墨西哥南部、中美洲和南美洲。
矛头蝮蛇每胎产卵数
60 个。

坏脾气的蝮蛇

有些蝮蛇非常好斗。红树林蝮蛇、睫角棕榈蝮蛇和波布蝮蛇都可能会毫无预警地发起攻击。它们的毒液毒性很强,具有致命性。

有趣的事实

蛇的毒液能帮助它们更快地消化食物。毒液越多,消化越快。人们发现,如果没有毒液,矛头蝮蛇需要花两倍的时间消化食物。

■ 棉口蛇,俗称水蝮蛇。它们因口中的白色而得名,如果受到威胁,它们会张开嘴来展示这一特征。

响尾蛇

响尾蛇是一种出没于美国、加拿大和墨西哥的蝮蛇。它们有热探测凹陷和可折叠的毒尖牙。但这种蛇最有趣的特点是它们尾巴末端能发出嘎嘎声，它们以此来警告攻击者。

著名的响尾蛇

东部菱斑响尾蛇是体形最大的响尾蛇。它是美国毒性最强的蛇。体形最小的响尾蛇是棱鼻响尾蛇和侏儒响尾蛇。圣卡塔里纳岛响尾蛇则根本就没有响尾！侧进响尾蛇会做一种有趣的动作——把自己的身体在滚烫的沙子上围成圈。

当心!

响尾实际上是由一系列坚硬的环状鳞片组成的，它们相互连接，当蛇摇动它的尾巴时，鳞片相互摩擦，并发出一种在远处就能听到的响亮的嘎嘎声。

■ 奇怪的是，当响尾蛇遇到王蛇时，它并不使用自己的响尾。相反，它会把身体的前部抬高，使自己看起来更高大。但是王蛇（左图）并没有被这种行为吓到，它会一口吞下响尾蛇！

真相档案

响尾蛇通常独自生活和捕猎。但在冬天，大量响尾蛇会在一起冬眠。
响尾蛇种数
16种。
响尾蛇每窝产卵数
9~10个。
东部菱斑响尾蛇的长度
1.4~2.4米。

响尾的故事

响尾蛇并不是天生就有响尾。刚出生的响尾蛇，尾巴尖上只有一个"纽扣"。每次蛇蜕皮时，尾巴上都会加上一个圈。有时由于摩擦，响尾的一个环或者一部分可能会脱落。

幼蛇和毒蛇

响尾蛇是卵胎生的。母蛇不在巢里产卵，相反，蛇卵在孵化前一直留在母蛇体内。响尾蛇宝宝一出生就可以照顾好自己，在某些情况下，它们会比自己的父母更狠毒。

■ 与那些喜欢沙漠或其他干旱地区的响尾蛇不同，木纹响尾蛇出没于茂密的森林中。

有趣的事实

响尾蛇是优秀的游泳健将，有些响尾蛇甚至能游到数千米之外的海域里。大多数响尾蛇会把自己的响尾放在水面之上，以保持干燥。

蟒蛇

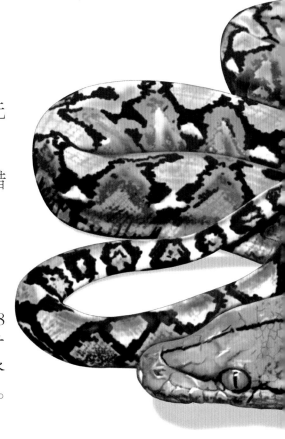

并非所有的蛇都有毒。蟒蛇和蚺蛇是无毒蛇。但它们的身体又粗又壮，肌肉发达。这些蛇能够通过收缩身体，缠绕猎物，使猎物窒息而亡。

网纹蟒

这是所有蛇中最长的蛇，平均长度为5~8米，有的甚至可以长到10米长！网纹蟒出没于东南亚丛林的河流和池塘附近。网纹蟒是游泳健将和爬树能手。它们是一种在夜间活动的蛇。

岩蟒

非洲和印度的岩蟒以其皮肤上美丽的图案而闻名。它们生活在岩石和树上。缅甸岩蟒是印度岩蟒著名的一个亚种。

绿树蟒

与其他同类相比，绿树蟒的身材更苗条，体形也更小。它们主要生活在树上，很少爬下来。这种蛇明亮的绿色身体能帮它们躲藏在树叶中，使它们给猎物出其不意的袭击。人们很难区分绿树蟒和南美翡翠树蚺，这两种蛇的颜色和习性都非常相似。

■ 有些蟒蛇会表现出一种叫作白化病的症状。白化巨蟒可能是缺少了或没有足够的黑色素，黑色素能使蛇拥有自然的颜色。患白化病的蟒蛇可能是白色、黄色、橙色或棕色的。大多数患白化病的蟒蛇的眼睛和舌头都是红色的。

■ 像所有的蛇一样，蟒蛇能大大地张开下颌。但是由于蟒蛇在杀死猎物时必须紧紧抓住猎物，所以它们的下颌比其他蛇的下颌更加有力。

有趣的事实

大约 5 500 万年前，生活在地球上的非洲蟒蛇被认为是有史以来地球上最大的蛇，人们相信它们的长度能达到约 11.8 米。

皇家蟒和血蟒

皇家蟒出没于非洲，它们是体形较小的蟒蛇之一。由于它们在危险时会把身体紧紧卷成一个球，所以也被称为球蟒。血蟒出没于东南亚，它们的皮肤上有不规则的血红色图案。血蟒的颜色帮助它们在树枝和枯叶间藏身。

■ 众所周知，蟒蛇能吞下像凯门鳄和猴子那样大的动物。

蚺蛇

像蟒蛇一样，蚺蛇在吞食猎物前会先让它们窒息。不过与蟒蛇不同，蚺蛇的卵是在体内孵化的。它们是许多恐怖丛林故事的表现对象，探险家们会编造出看到这种巨怪的故事。实际上，蚺蛇的身长比蟒蛇短，但它们要比蟒蛇重得多。

■ 绿水蚺是世界上最重的蛇。身长可达 9 米，成年绿水蚺的重量可达 250 千克。

普通巨蚺

这种著名的蚺蛇长达 3.5 米，它们出没于中美洲和南美洲的丛林中。像所有蚺蛇一样，它们拥有强劲的肌肉，能令猎物窒息。蝙蝠是它们最喜欢的食物。

水蚺

水蚺是动物王国中最强大的掠食者之一，它们可以长到 9 米以上。它们喜欢平静的水域和沼泽地。它们的眼睛和鼻孔都长在头顶，这有助于它们在水中移动而不被发现。水蚺的猎物可以和猪、鹿一样大。

亚马孙树蚺

亚马孙树蚺出没于南美洲的热带雨林中。它们的大瞳孔帮助它们在夜间捕食，而纤细的身体帮助它们在树上快速移动。亚马孙树蚺的攻击范围很大，它们甚至可以挂在树枝上在空中挤压猎物！

有趣的事实

蚺蛇以强有力的收缩肌肉出名，因为它们能盘绕在猎物身上。猎物每呼吸一次，肌肉就会收紧，直到猎物窒息而死。水蚺能在几秒钟内扼杀猎物。

■ 水蚺的牙齿向后弯曲，一旦捕获猎物，猎物就不大可能从它们强有力的口中逃脱。

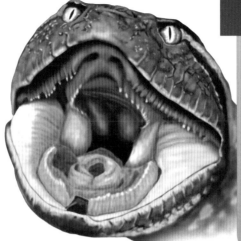

栖息地

真相档案

蚺蛇的寿命
20~30 年。
蚺蛇幼蛇数量
出生时有 20~60 条活着。
水蚺的长度
6.1~9.1 米。
普通巨蚺的平均长度
4 米。

其他蚺蛇

翡翠树蚺是另一种树栖蚺。它们皮肤上的花纹有助于它们在树枝间藏身。斑点沙蚺会躲在沙子里，突然扑向毫无戒心的猎物。

■ 当阳光落在彩虹蚺的鳞片上时，它们的皮肤会呈现出蓝色、绿色和紫罗兰色，这种蛇也因此得名。

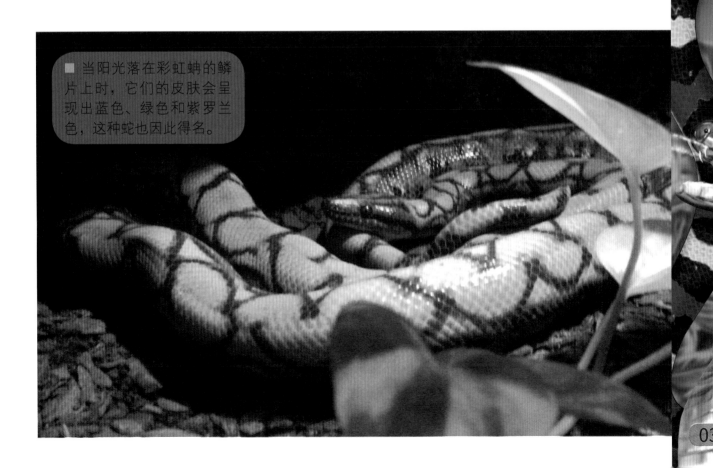

大 猫

猫科动物的世界

家猫、狮子、老虎都是猫科动物。每种动物都很特别，猫科动物也不例外。

真相档案

猫科动物种数
36 种。

最小的猫科动物
锈斑豹猫，高 17 厘米，
体重不到 1.5 千克。

最大的猫科动物
老虎，体重达 324 千克，
身长达 4.3 米。

速度最快的猫科动物
猎豹，奔跑速度达 130
千米 / 小时，平均寿命
15~20 年。

■ 整个世界由生态系统组成。在系统中，各种生物相互依存，互为食物。大型猫科动物以鹿等体形较小的动物为食，而鹿则以草和树叶为食。这种循环被称为食物链。

身体结构

大多数猫科动物的头是圆的，身体结构能让它们快速而安静地移动。猫科动物的脊柱富有弹性，能让它们把身体弯成一个球！

肉食爱好者

猫科动物是猎手，爱吃肉。家猫捕食老鼠，而狮子、老虎和美洲豹则在野外捕食。

生存

除了澳大利亚和南极洲，其他大陆都有大型猫科动物。大多数野生猫科动物处于濒危状态，许多可能会在未来25 年内消失。

■ 大型猫科动物有特殊的捕猎技巧，大多喜欢在发起攻击前跟踪猎物。

猎手

大大的眼睛、优秀的听力、锋利的牙齿、强壮的四肢和锋利的爪子，使猫科动物成为优异的猎手。它们大都有长尾巴，皮毛上有斑点或条纹。

■ 丛林之王狮子是所有大型猫科动物中最强大的动物。

有趣的事实

人类有 206 块骨头，而猫科动物有 230 块。猫科动物约有 10% 的骨头在尾巴上。它们用尾巴保持平衡。

猫科动物家族

　　根据体形大小，野生猫科动物可分为小型、中型和大型。根据它们的特点，它们也被分为三组，分别是猫亚科、豹亚科和猎豹亚科。

家猫与野生猫

　　家养猫科动物和它们的野外亲戚们有许多共同特征。它们都有短而强壮的下颌和锋利的牙齿。所有猫科动物都是好猎手。但是体形小一点的猫科动物喜欢站着吃东西，体形大一点的猫科动物则喜欢躺下来吃食物。

■ 家猫会把它们的尾巴放低，并且摆动尾巴以表示它们觉得好玩，或者感到紧张。如果家猫把尾巴竖了起来，通常是警觉的标志。大型猫科动物的行为与家猫类似。

■ 臭猫身体修长，腿很短。它们以老鼠、兔子、鱼、蛋和水果为食。尽管它们的名字容易被人误解，但它们并不属于猫科动物。

第一种宠物

　　考古研究表明，人类饲养宠物猫已有近 8 000 年历史。在 4 000 年前的埃及，人类因为猫擅长捕蛇和老鼠而养猫。埃及人也崇拜猫，他们相信猫是女神贝斯特的化身。在古埃及的律法中，杀死猫或买卖猫都是犯罪。

■ 薮猫又被称为钓鱼猫，它们会卧在开阔水域上方悬垂的树枝或岩石上，等着鱼向水面游来，然后头朝前扑向鱼，用嘴把鱼抓住。

身体特征

生活在森林中的猫科动物，如美洲豹和云豹，都有着短小而结实的四肢。这些特点使它们更适合爬树和伏击猎物。生活在大草原的猫科动物，如猎豹和薮猫，四肢很长，这有助于它们快速奔跑，尤其是在追逐猎物的时候。家猫的平均肩高为20~25厘米，体重为2.7~7千克。

咕噜噜和喵喵喵

有些科学家表示，家猫可以发出60多种不同的声音，这些声音可能有不同的含义。例如，喵喵声可能是表达友好的问候，也可能是在表达好奇、饥饿或孤独。咕噜声通常意味着满足，但有些猫生病时也会发出咕噜噜的声音。而猫发出的嘶嘶声、咆哮声和尖叫声则表示它们感到愤怒和恐惧。

有趣的事实

尽管名字叫臭猫，它们实际上是鼬科动物的一员，与臭鼬和雪貂有密切关系。同样，澳大利亚的虎猫是一种有袋动物，与负鼠和塔斯马尼亚袋獾关系密切。

■ 不同种类的猫科动物可以杂交，产生新品种或杂交品种。狮虎兽是最著名的杂交动物之一，它是由狮子和老虎杂交而产生的。

猫科动物的感官

这些专业的猎手依靠视觉和听觉来定位猎物。它们还能发出各种各样的声音，包括咆哮声、咕噜声和怒吼声。狮子和老虎喜欢发出咆哮声，而猎豹和美洲狮更喜欢发出咕噜咕噜的声音。

眺望

大型猫科动物的视力在白天和夜间都很好。它们的眼睛朝向前方，这能让两只眼睛聚焦在同一个物体上。敏锐的视力使它们能够判断目标的距离和大小。

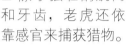
■ 除了强壮的肌肉和牙齿，老虎还依靠感官来捕获猎物。

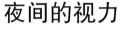
■ 一双发光的眼睛在晚上看起来令人生畏。

夜间的视力

大型猫科动物的眼睛比人的大。猫有更大的瞳孔，这使得在夜间有更多的光线进入它们的眼睛。人类的瞳孔总是圆形的，但猫的瞳孔可以从圆形收缩成一条缝隙。在明亮的阳光下时，猫的瞳孔就会收缩，这就使进入眼睛的光线变少。

有趣的事实

没人确切地知道猫是如何看颜色的，但它们肯定不像我们这样看待颜色。据大多数科学研究表明，在猫看来，红色显得更深，而绿色显得更浅、更暗。

会动的耳朵

猫的听觉非常敏锐，几乎可以马上确定声音的位置。猫耳朵上有近 20 块肌肉，猫一听到声音，就能往那个方向移动耳朵。

耳郭

■ 猫外耳的形状像一个杯子，被称为耳郭。

标记领地

所有的猫科动物都有自己标记的区域或领地，它们会在这里生活并保护领地不受其他猫科动物侵犯。领地通常包括狩猎场、洞穴、水源和休憩地。大型猫科动物在这些领地上做记号，是为了警告其他猫科动物。它们通过在特定的地方喷洒尿液或在树上抓挠留下气味。它们也可以通过在物体上摩擦下巴、脸颊和尾巴留下自己的气味。

■ 像老虎这样的猫科动物，能够凭其他猫科动物在特定区域留下的气味嗅出它们的存在。

皮毛和爪子

大型猫科动物身上都有皮毛。无论天气是冷是热，皮毛都能保护动物。但更重要的是，皮毛上独特的图案能起到伪装的作用。伪装是动物与周围环境融合的一种能力，几乎能让它们隐形！

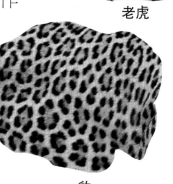

■ 根据生活的栖息地不同，猫科动物的皮毛上有不同的图案。

老虎

豹

猎豹

保护外套

就像你会在冬天穿羊毛衫一样，生活在寒冷地区的大型猫科动物也有厚厚的皮毛来御寒。雪豹身上有长长的、毛茸茸的皮毛，它们腹部的毛更长，这给雪豹身上最靠近地面积雪的部位提供了额外的保护。生活在温暖气候中的猫科动物有着又短又硬的毛发。

猫科动物的小门牙主要起到辅助梳理毛发的作用。

隐形的外套

猫科动物的皮毛与周围环境很相似，它们皮毛的基本颜色与栖息地的颜色相似。狮子的黄色或棕色毛与大草原的颜色相似，而老虎皮毛上的条纹使它们很难在高高的草丛中被发现。豹身上的斑点外套模仿了森林中斑驳的阳光。幼豹身上的斑点往往会在成长过程中逐渐消失。

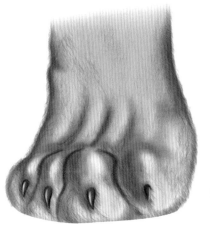

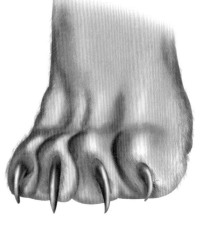

■ 除了猎豹，所有猫科动物的爪子都能收缩。这些利爪平时会在它们的脚掌里，只有在战斗中才会露出来。

死亡之握

爪子是猫科动物非常重要的捕猎工具。除了猎豹，所有的猫科动物爪子都被脚掌覆盖着，这使爪子既安全又锋利。爪子可以帮助大型猫科动物爬树，在它们攻击猎物或自卫的时候也非常灵巧。

多功能的舌头

野生猫科动物的舌头比家猫的舌头粗糙得多。舌头的表面上覆盖着小钩子，能帮助猫科动物清洁和梳理皮毛。舌头还能帮助猫科动物从猎物的骨头上把肉剥下来。

■ 成年美洲狮的颜色可能是灰色或黄红色，它们身上没有任何斑点。

有趣的事实

长长的毛发不仅能御寒。黑足猫和沙丘猫的脚和脚垫上的毛都比较长，这两种猫都生活在沙漠地区，它们的皮毛可以抵御地面的高温。

攻击

猫科动物的身体非常适合捕猎和杀戮。它们有着善于抓握的强壮有力的四肢，以及锋利的爪子和尖刀一样的犬齿。大多数猫科动物会在黎明或黄昏时分捕猎。它们有优异的视力和听力，身上带有图案的皮毛，能帮它们躲避猎物。

■ 老虎身上的条纹能让它藏身在草丛中，成功躲避猎物。

奔跑和突袭

当猫科动物意识到时机成熟时，会把体重转移到后腿上，猛冲向猎物。追逐由此开始！如果猫科动物靠得足够近，猎物的奔跑距离就会很短。最后的阶段就是突袭。猫科动物会抓住那只动物，并拖到地上，然后它们会用嘴死死咬住猎物，令猎物窒息，并最终将它杀死。

跟踪与伏击

跟踪是指猫科动物在攻击猎物前，会悄悄地尾随猎物。猫科动物先躲藏起来再发起突然袭击的狩猎技巧被称为伏击。如果一只毫无防备的动物进入了猫科动物的攻击范围，猫科动物就会从藏身的地方出来，扑向惊慌失措毫无准备的猎物。

■ 尽管稍微大一些的小狮子会帮妈妈的忙，但母狮依然是狮群中主要的猎手。公狮只有在猎物体形很大的时候才会帮忙捕猎。

■ 当猫科动物悄悄地接近猎物时，猎物通常会被群体中的其他成员提醒，然后整群猎物就会开始奔跑。

绝杀

并非所有的猫科动物都以同样的方式杀死猎物。小型猫科动物会在猎物的脖子后面咬一口，把它杀死。大型猫科动物会用爪子掐住猎物的脖子，或用下颌捂住猎物的鼻子使猎物窒息而死。

有趣的事实

有些猫科动物，比如狞猫，会用爪子抓鸟。当鸟就要飞走时，狞猫会用后腿站立，然后跳起来，伸出爪子抓住猎物。它会用两只爪子把鸟抓住，再把它拖下来吃掉。

成功率

猎豹是猫科动物中的最佳猎手，它们成功捕获率能达到 60%~70%。然而，狮子捕猎的成功率却很低，只有不到 30%。

■ 在猎豹所有的捕猎技巧中，最后的追捕是最有效的武器。猎豹一系列的身体特征，使它们比任何其他陆地动物都跑得快。

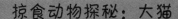

防御

尽管大家都知道，大型猫科动物是最致命的食肉动物，但许多大型猫科动物在捕猎时还不得不想方设法保护自己不受伤害。它们还面临来自其他猫科动物的威胁，这些猫科动物可能会占领它们的领地，或试图偷走它们的猎物。保护幼崽是雌性猫科动物的责任。

■ 豹会把猎物挂到树上，以免猎物被狮子、鬣狗等其他动物吃掉。

家庭

母狮会保护它的幼崽不受其他动物的伤害，也要防止雄狮对它们母子构成威胁。当一头新的雄狮接管了狮群，它通常会杀死所有的幼狮，并与母狮交配，组建自己的家庭。雄狮会保护整个家族，它的鬃毛使它比其他狮子看起来更威武。

群体攻击

狮子通常会一起捕猎，以增加捕杀猎物和自我保护的机会。它们会呈半圆形散开，悄悄向猎物匍匐。据了解，狮子曾在抓捕体形较大的猎物时受伤，比如长颈鹿和大象。

■ 母狮在狮群中会保护幼狮。母狮会攻击任何可能会伤害它孩子的动物。

真相档案

适合捕猎

薮猫有硕大而灵敏的耳朵，它们甚至能察觉到猎物在地下挖洞的声音。

猫对声音的敏感度是人的 3 倍。猫的耳朵能完全地左右转动，来跟踪声音。

捍卫领地

像老虎这样的大型猫科动物，对自己的领地有很强的保护意识。一只雄性猫科动物的领地中通常会有 3~4 只雌性。雄性会彼此攻击来保护自己的领地。不过，附近的雌性猫科动物则会分享它们的猎物。

动物的攻击

其他动物也有防御强大的猫科动物的方法。大象会踢猫科动物，在它们之间横冲直撞，踩踏它们，这样通常能成功逃脱。斑马会发出响亮的鼻息音，警告斑马群即将发生危险。雄斑马会在捕食者和斑马群间对捕食者又踢又咬，为斑马群赢得逃跑时间。像角马这样的动物，则会突然发生踩踏事件。

有趣的事实

有些猫科动物会成群地发起攻击，其中几只猫科动物扮演"打手"的角色，它们会毫不掩饰地向目标靠近，并将目标赶向另几只埋伏着伺机猛扑的猫科动物。猞猁和狮子都会使用这种策略。

■ 当一群大象面临危险时，成年大象会围成一圈来保护幼象。然而，大型猫科动物很少攻击大象，因为它们体形庞大。

草原之王

狮子通常被称为"百兽之王"，因为它们身体硕大，强劲有力，而且没有天敌。雄狮的脖子上有鬃毛，这使它们看起来更加有王者风范。狮子的吼声凶猛而可怕。狮子是真正雄伟的动物，并会表现出主导性的行为。

野外生存

与老虎不同，狮子并不喜欢生活在茂密的森林里。它们喜欢在开阔的大地上漫步，通常生活在林地、草原和长满荆棘的灌木丛中。狮子生活在有稳定食物来源的地方，比如有鹿、羚羊、斑马和其他有蹄动物的地方。狮子也需要靠近水源生活。

在动物园和在野外

狮子生活在非洲的东部和南部。在印度的吉尔森林里能找到几百只狮子，它们被称为亚洲狮。大多数狮子在国家公园和被称为保护区的地方生活，那里的动物会受到保护，不被猎人偷猎。动物园里生活着数百只狮子，它们是马戏团里非常受欢迎的表演者。

■ 幼狮很容易被驯服。在狮子两岁左右的时候，马戏团就开始训练它们了。

狮子的鬃毛

相比于速度，狮子更以它们的力量而闻名。雄狮是唯一有鬃毛的猫科动物。又长又厚的鬃毛遮住了狮子的头部和颈部，一直垂到它们的肩膀和胸部。鬃毛使雄狮看起来体形更大，更强壮。

栖息地

真相档案

平均体重
160~180 千克。一只体形大的雄狮，平均体重可达 230 千克。

体长
约 3 米。

肩高
约 1 米。

雌狮体重为 110~140 千克，身高大约比雄狮矮 30 厘米。

有趣的事实

雄狮的鬃毛能在搏斗中保护它。又长又密的毛发能够缓和敌人的攻击。一岁大的小狮子头上几乎没有毛。鬃毛要到雄狮五岁左右才能完全长成。

■ 与大多数喜欢独居的野生猫科动物不同，狮子喜欢生活在狮群这样的大家庭里。

颜色的掩护

狮子的皮毛是它们捕猎时的理想伪装，它们的毛发是棕黄色的，与枯草的颜色一样。狮子只有耳朵后面和尾巴末端的一绺毛发是黑色的。小狮子的皮毛上还有斑点。

狮群中的雄狮通常会让雌狮为整个家族捕猎。但是当它们自己找到猎物时，也会为自己而大开杀戒。

老虎的踪迹

老虎是猫科动物中体形最大的成员。除了狮子，老虎可能是所有大型猫科动物中最令人生畏的。从前，国王们会猎杀老虎来获取它们漂亮的皮毛。大规模的捕杀老虎和砍伐森林，使今天只剩下几千只野生老虎。老虎生活在亚洲的森林里，是许多神话和故事的组成部分。

■ 老虎在短距离奔跑时速度非常快，跳跃距离接近9米。但是如果老虎不能迅速捕获猎物，它们就会在感到疲劳的时候放弃追逐。

长条纹的巨兽

因为皮毛和皮肤上有条纹，老虎很容易被识别。它们的皮毛通常是橙色或棕黄色的，胸部和腹部为白色。它们的皮毛上有垂直的黑色或深棕色条纹，这些条纹使它们在穿过高高的草丛时能够融入其中。

生活在阴影中

老虎生活在橡树林、大草原、沼泽地和湿地里。它们出没于马来西亚炎热的热带雨林、印度干燥的荆棘林和中国北方寒冷多雪的云杉林中。老虎很少像狮子那样进入开阔的空间。

■ 老虎会用尿液、爪印或用尾巴摩擦树木或岩石，标记自己的领地。气味和标记让其他老虎知道这片领地已经被占领了。

行动

老虎通常在晚上捕猎，它们会沿着河床追踪动物的足迹。老虎会用它们锐利的眼睛、敏锐的耳朵，以及嗅觉进行捕猎，它们在掩护物中等待时机，然后猛扑向猎物，再用锋利的爪子抓住猎物，然后把它拖到地上。

■ 老虎是游泳健将，它们喜欢涉水前行，尤其是在天气热的时候。老虎还会爬树，但因为体形庞大，它们通常不爬树。

丰盛的大餐

老虎在成功完成一次捕猎后，可以很长时间不吃东西。它们会待在猎物的尸体附近，直到吃掉除了猎物的骨头和胃之外的所有东西。老虎一晚上能吃掉 40 多千克的肉，它们会吞下食物，并不咀嚼。饱餐一顿后，老虎通常会喝足水，再睡上一觉。

有趣的事实

成年老虎通常独自生活，但它们也并非不合群。两只老虎可能会在夜间相遇。它们会互相摩擦脑袋以示问候，然后就此别过。众所周知，老虎也会分享自己的猎物。

■ 老虎喜欢大型的猎物，如鹿、羚羊、野牛和野猪。有些老虎还会攻击小象。老虎特别喜欢豪猪，但是豪猪的刺会给它们带来痛苦的伤口。

处于危险中的老虎

老虎有 8 个亚种，它们分别是巴厘虎、孟加拉虎、里海虎、印度支那虎、爪哇虎、西伯利亚虎、华南虎和苏门答腊虎。其中，巴厘虎、里海虎和爪哇虎现在已经灭绝，剩下的五种老虎也有灭绝的危险。

一个家族

印度支那虎分布在泰国、中国南部、缅甸、柬埔寨、越南和马来西亚的部分地区。这些老虎是体形较小的亚种之一。西伯利亚虎生活在俄罗斯，是所有老虎中体形最大的一种。苏门答腊虎仅出没于印度尼西亚的苏门答腊岛，它们是所有老虎中体形最小的一种。华南虎被认为是所有其他老虎亚种的进化祖先，这种老虎是世界上最濒危的物种。

■ 西伯利亚的冬天异常寒冷，西伯利亚虎穿着蓬松的、长长的冬季皮毛大衣。

为数不多

野生西伯利亚虎还剩不到 200 只，主要分布在俄罗斯。华南虎则更为罕见。

吃人的野兽

有许多关于孟加拉虎是凶猛的食人动物的传说。然而，几乎所有的野生老虎都会避开人类，老虎很少会对人类发起致命的攻击。大多数老虎只有在受到干扰、挑衅或受伤时，才会攻击人类。

栖息地

真相档案

野生虎数量
野生孟加拉虎3 030~4 735只。西伯利亚虎160~230只。华南虎20~50只。苏门答腊虎400~500只。印度支那虎1 180~1 790只。

有趣的事实
许多成年雄虎都会拥有自己的一片领地，并将其他雄性拒之门外。这片领地的平均面积约为52平方千米，通常会包括一片水域。老虎也会用不同的声音彼此进行交流。

■ 据报道，老虎在印度孟加拉湾沿岸的桑德班保护区袭击了人类。大家认为老虎只会从人的背面发起攻击，所以这里的人都在脑后佩戴面具。人们认为这第二张"脸"能迷惑老虎，从而保护佩戴面具的人。

白色孟加拉虎

有些老虎有着像粉笔一样白色的皮毛，并有巧克力棕色或黑色的条纹，这些老虎被称为白虎。它们有蓝色的眼睛，其他老虎的眼睛则是黄色的。白虎在野外非常罕见，全世界的动物园里有100多只白虎。

■ 白虎是孟加拉虎的变种，在野外已经很少见到。一只颜色正常的母老虎可能产下一窝白色的幼崽。

豹

豹是仅次于老虎和狮子的第三大猫科动物。与大多数的野生猫科动物不同，它们是优秀的攀登者，而且喜欢住在树上。这些猫科动物能在各种各样的栖息地生活，猎物也多种多样。它们生活在非洲的撒哈拉地区，以及土耳其、韩国、爪哇和印度等许多亚洲国家和地区。

■ 豹一生的大部分时间都生活在树上。

显眼的标志

豹最容易被认出来的是它们玫瑰状斑纹的皮毛和极长的尾巴，它们的尾巴比身体的其他部分都要黑。

豹的栖息地不同，皮毛的底色会有所不同。生活在开阔草原上的豹是金黄色的，而生活在沙漠里的豹是黄色或奶油色的，山区的豹的皮毛是深金色的。

夜间猎手

豹通常在夜间猎食，而母豹和幼豹则喜欢在白天猎食。这些猫科动物捕食各种各样的猎物，有黑斑羚、瞪羚、野兔、爬行动物、小猴子，还有各种啮齿目动物，如老鼠、松鼠和豪猪等。

■ 云豹的皮肤上有云状的斑点。它们出没于东南亚，经常倒挂在树枝上！

栖息地

真相档案

身长
可达 2.5 米。

身高
可达 70 厘米。

平均体重
30~90 千克。

每窝产崽数
平均 1~4 只。

寿命
12~17 年。

强壮而阴险

豹的肌肉非常强壮，它们能将一只成年雄性羚羊甚至一只小长颈鹿（体重是自身体重的 3 倍）拖到树顶上。众所周知，豹也会攻击人类和牲畜，它们比老虎或狮子更危险。

■ 雪豹出没于俄罗斯、中国和喜马拉雅山脉的雪山之间，它们身上有毛茸茸的皮毛。有意思的是，雪豹发出的声音很弱，它们并不能像其他大型猫科动物那样咆哮。

因皮毛而被杀

但是人类对这些猫科动物构成了威胁，人类会为了获得豹的皮毛而盗猎它们。因此，豹在许多地方都变得很稀有。许多国家为了保护这种动物，会禁止豹皮交易。

有趣的事实

所有的黑豹都生活在印度和东南亚茂密潮湿的森林地区。深色的皮毛使它们在捕猎时具有优势。

■ 每当有豹靠近时，长尾猴都会发出一声响亮的吠叫来警告群中其他的同伴。

051

速度最快

　　猎豹是地球上奔跑得最快的动物，它们在许多方面都是独一无二的。猎豹看起来像一只肌肉发达的大灰狗，它们有着光滑的身体，细长而有力的腿。这使这种大型猫科动物在追逐奔跑时速度很快。一只成年猎豹的速度可以达到 113 千米／小时！

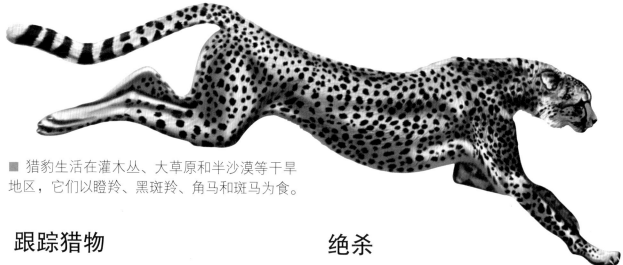

■ 猎豹生活在灌木丛、大草原和半沙漠等干旱地区，它们以瞪羚、黑斑羚、角马和斑马为食。

跟踪猎物

　　猎豹主要在白天捕猎。它们首先远远地尾随一大群瞪羚、黑斑羚或羚羊，然后选择年老、受伤或年幼的动物作为猎物。随后，猎豹就会追逐这些动物。猎豹通常在第一次尝试时就能捕获到猎物。

绝杀

　　猎豹强有力的下颌肌肉能使这种猫科动物抓住猎物几分钟，它们能通过掐住猎物的气管，使其窒息。猎豹鼻子的通道能够扩宽，这能使它们在奔跑时呼吸更容易。

■ 一旦完成猎杀，猎豹就会停下来喘口气。这个时候，鬣狗会很容易抢走它们的猎物。

■ 猎豹的爪子就像狗爪。与其他大型猫科动物不同的是，猎豹的爪子又窄又硬，而且不容易伸缩，这使它们在奔跑时能更好地抓住地面。

栖息地

真相档案

体长
1~1.5 米。
身高
最高可达 1 米。
体重
45~65 千克。
每窝幼崽数
2~4 只。
寿命
12~14 年。

独行侠

大多数成年猎豹会独自生活。野生猎豹可能会对一块领地宣示主权，并将其他猎豹拒之门外。

数量下降

猎豹常见于印度和非洲南端，但它们的数量在急剧下降。现在，这种猫科动物的活动范围局限于撒哈拉以南的非洲地区，在伊朗也有一小部分。猎豹不仅被人类猎杀，它们的幼崽也经常被狮子猎杀。事实上，只有5% 的小猎豹能活到成年。

有趣的事实

与其他大型猫科动物不同，猎豹并不会咆哮，但它们能发出咕噜咕噜的声音，也能发出其他的声音。它们能以高音调发出犬吠声，甚至发出更长时间的吱吱声。它们也会呻吟和咩咩叫。

美洲豹

美洲豹常被误认为是豹。它们二者有着类似的褐色或黄色的基础皮毛，也都有深色玫瑰丛斑纹。但是美洲豹的不同之处，是它们身上玫瑰丛斑纹中有小点或不规则图案。美洲豹的身体更结实，肌肉更发达，尾巴更短。

■ 黑色美洲豹经常被错误地称为黑豹。不过，鉴别二者的好方法，是看美洲豹的大脑袋和粗壮的前肢。

生活的区域

美洲豹是在美洲发现的最大的猫科动物。美洲豹曾经生活在美国南部各州一直到南美洲的最南端，但是现在它们仅存在于南美洲的北部和中部。这种大型猫科动物更喜欢生活在森林里，尽管它们经常出现在干燥的林地和草原附近。

不同品种

美洲豹的身体特征常常取决于它们的栖息地。生活在茂密森林地区的美洲豹要比生活在开阔地区的美洲豹体形小。为了更好地伪装，森林居住地的美洲豹的皮毛颜色也更深。

■ 雌性美洲豹会把幼崽放在山洞、岩穴或森林中的地洞里，以保护幼崽的安全。

■ 虽然没有豹灵活，美洲豹也会爬树。这些猫科动物喜欢在热带雨林中较低的树枝上捕食猴子。

真相档案

体长
1.5~2.5 米。

平均体重
70~120 千克。

每窝产崽数
1~4 只。

幼崽体重
0.7~1 千克。

寿命
12~16 年。

处于危险之中

在 20 世纪 60 年代和 70 年代，美洲豹的数量急剧下降，每年有高达 18 000 只美洲豹因为皮毛而被杀死。现在虽然美洲豹的毛皮已经不再流行，但这种大型猫科动物仍然受到威胁。许多组织正在努力保护美洲豹和它们生活的森林。

有趣的事实

美洲豹在许多古代文化中颇受尊崇。玛雅人相信，美洲豹是冥界之神，能在夜间帮助太阳在地下行走，并确保第二天早上再次升起。

咀嚼时间

美洲豹的捕猎习惯甚至会因栖息地的不同而有所差异。如果美洲豹生活在靠近人类的地方，它们就会在夜间捕食。而生活在野外的美洲豹则喜欢在白天捕猎。它们会捕食牛、马、鹿、猴子、爬行动物甚至鱼类。

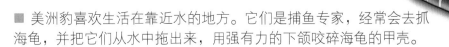

■ 美洲豹喜欢生活在靠近水的地方。它们是捕鱼专家，经常会去抓海龟，并把它们从水中拖出来，用强有力的下颌咬碎海龟的甲壳。

猞猁和虎猫

并非所有的大型猫科动物的体形都像狮子、老虎或豹那样庞大，猞猁和虎猫的体形就要小得多，但这并不会影响它们的威慑力。这两种动物都是好猎手。但是，和大多数大型猫科动物一样，它们也有灭绝的危险。

■ 虎猫在幼年时很容易被驯服。

饥饿的猞猁

猞猁生活在非洲、亚洲、欧洲和北美的部分地区。它们更喜欢待在森林中，或被灌木丛覆盖的岩地。它们主要在夜间捕猎，以兔子和其他小动物为食。饥饿的猞猁甚至能杀死狐狸和鹿。

斑点和条纹

猞猁全身的毛都长得很长。皮毛为浅灰色或灰褐色，长而柔滑。猞猁身上有斑点和带有较深阴影的条纹。猞猁的尾巴粗短，尖尖的耳朵上长着一簇毛发。

■ 猞猁的脚很大，皮毛很厚。猞猁的脚就像雪鞋一样，在冬天帮助它们在雪地上快速奔跑。猞猁睡在洞穴或中空的树中，它们喜欢爬树并躺在树枝上。

大量的圆点

虎猫的皮毛颜色从红色、黄色到烟熏珍珠色不等。它们的身体上覆盖着大小不同的黑点。虎猫的腿和脚上的斑点像圆点，而身体上其他部位还有贝壳形状的斑点。虎猫有粉红色的鼻子和大而明亮的眼睛。

■ 虽然外形与猞猁相似，但虎猫的腿相对较短，爪子也比较小。

用餐

虎猫也被称为美洲豹猫，生活在从美国德克萨斯州到阿根廷北部的大片地区，吃老鼠、林鼠、兔子、蛇、蜥蜴、鸟、小鹿和猴子。

■ 虎猫因其皮毛而被广泛捕杀，它们的数量急剧减少。现在已有法律禁止猎杀虎猫。

有趣的事实

被称为非洲猞猁的动物实际上是狞猫。人们认为它们是猞猁的近亲，但最近发现它们和薮猫的关系更加亲密。

美洲狮

■ 美洲狮每次生育1~5只幼狮，每次产崽通常间隔两年。平均每胎产崽3只。

美洲狮是一种有许多名字的猫科动物，它们也被称为美洲金猫、山狮。它们分布在北美和南美的部分地区。美洲狮的脑袋小而宽，耳朵小而圆。这种猫科动物的身体很强壮，后腿很长，尾巴的尖端是黑色的。

多种颜色的皮毛

成年美洲狮可能是灰色的或淡红色的。它们的皮毛是浅灰色的，毛发的尖端是红棕色或灰色的。这种动物身上并没有斑点，这是美洲狮和美洲虎的主要区别之一。美洲狮也可能是纯黑色的。

捕猎技能

美洲狮捕猎时会利用强有力的后腿的力量，它们能在奔跑的时候一跃而起，猛扑向猎物。美洲狮能跃起12米远。

■ 美洲狮跟踪猎物的时候总是躲在暗处，然后它们会猛扑向猎物，折断猎物的脖子或者把猎物拖到地上。

■ 美洲狮会教自己的孩子如何捕猎。幼狮会观察母亲是如何跟踪并最终杀死猎物的。

真相档案

平均体长
1.5 米以上。
体重
可达 103 千克。雄性美洲狮的体形是雌性美洲狮的 1.4 倍。
寿命
10~20 年。
幼崽出生时体重
0.5 千克。

多样的食物

美洲狮不分昼夜地独自猎食，它们会把食物藏在浓密的灌木丛中，几天后再返回到食物旁边。像麋鹿这样的大型猎物，能为美洲狮提供一周以上的食物。美洲狮能够捕食体形较大的猎物，比如家养的牛或马。杀死牲畜是人类捕杀美洲狮的主要原因之一。美洲狮也会猎食野鹿、绵羊、啮齿目动物、家兔、野兔、豪猪、松鼠、昆虫、鱼和海狸。

有趣的事实

美洲狮的叫声令人生畏。它们的叫声与非洲狮或亚洲狮的低沉吼声不同，它们的叫声是尖锐的，听起来像人在尖叫。美洲狮也能轻声吼叫，听起来像轻柔的口哨声。

数量下降

人类过度的捕猎导致野生美洲狮数量下降。佛罗里达豹是美洲狮的一种，它们的处境十分危险，如今只有 50 只生活在野外。美洲狮会避开人类，不太可能攻击人。

鲨鱼

潜入深蓝色的海洋，探索鲨鱼的生活！

鲨鱼的故事

鲨鱼是地球上最可怕的生物之一，只有非常勇敢的人才敢靠近它们。鲨鱼是肉食爱好者，甚至在恐龙出现之前就已经存在了。它们生活在大洋、大海和河流中，以锋利的牙齿和敏捷的动作统治着这片水域。鲨鱼和鱼有亲缘关系，但二者在许多方面是不同的。

骨骼很重要

虽然大多数鱼的骨骼都是由骨头构成的，但鲨鱼的骨骼完全由软骨构成。它们的软骨和我们耳朵、鼻腔中的软骨一样柔软。软骨能使鲨鱼的体重减轻，游得更快。

生活的洞穴

在大多数海洋中都能找到鲨鱼的踪影。体形硕大而生性活跃的鲨鱼通常会停留在海面附近或靠近海洋中心，体形较小的鲨鱼更喜欢海底。有些鲨鱼生活在海岸附近，甚至进入与大海相连的河流和湖泊。

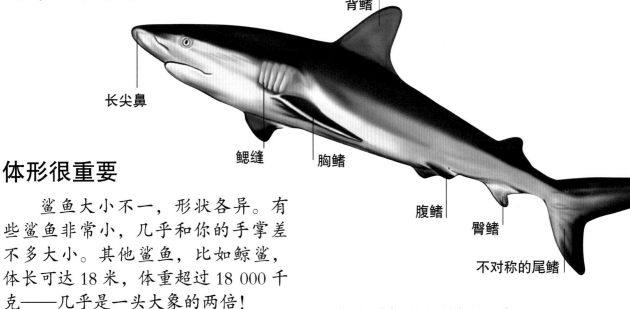

背鳍

长尖鼻

鳃缝　胸鳍

腹鳍

臀鳍

不对称的尾鳍

体形很重要

鲨鱼大小不一，形状各异。有些鲨鱼非常小，几乎和你的手掌差不多大小。其他鲨鱼，比如鲸鲨，体长可达 18 米，体重超过 18 000 千克——几乎是一头大象的两倍！

有保护作用的皮肤

鲨鱼有一种特殊的皮肤保护层。与鱼类身上重叠的鳞片不同，鲨鱼的皮肤上覆盖着牙齿状的小鳞片，它们被称作小齿。这些小齿能够保护鲨鱼，使它们的皮肤非常坚硬和粗糙。

■ 软骨本质上是有弹性的，它能使鲨鱼的骨骼具有弹性，能帮助鲨鱼快速转身。

身体的基本特性

在水中生活很艰难。为了迎接这一挑战，鲨鱼被赋予了特殊的身体特征。所有鲨鱼都有强壮的下颌、一对鳍、鼻孔和灵活的骨骼。鲨鱼是游泳高手，但它们不像鱼，不能后退。

色彩的效果

鲨鱼的皮肤有两层阴影，顶部的一侧比腹部的颜色更深。当从上方看鲨鱼时，它们的上表面看起来就像是黑暗的海底。但从下往上看，它们的腹部与上面的光线融合在一起。这有助于鲨鱼在不被注意的情况下捕猎。

有趣的事实

鲨鱼的舌头和人类的舌头不同。它们的舌头长在口腔底部，很小很厚，大部分时间静止不动。鲨鱼的舌头被称为基舌骨。有些鲨鱼用舌头撕下猎物的肉。

鲨鱼的解剖结构因其栖息地而异。生活在更深海洋中的鲨鱼的眼睛比生活在海洋表面的鲨鱼的眼睛大。

■ 与硬骨鱼的鳃不同，鲨鱼的鳃没有覆盖物，水必须持续流过鳃缝，鲨鱼才能呼吸。

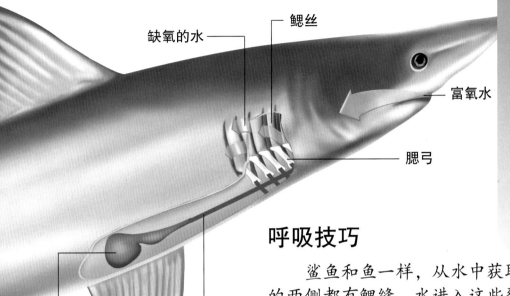

缺氧的水 —— 鳃丝

—— 富氧水

—— 腮弓

心脏

腹主动脉

呼吸技巧

鲨鱼和鱼一样，从水中获取氧气。它们头部的两侧都有鳃缝。水进入这些裂缝之后，经过鳃腔，水里的氧气在这里被吸收。一些鲨鱼需要不停游动才能呼吸，而另一些鲨鱼则需要张嘴或闭嘴，才能把水吸进去。

■ 大多数鲨鱼有 5 对鳃，而硬骨鱼只有 1 对腮。扁头哈那鲨有 7 对鳃。

油罐

鲨鱼最大的器官是充满油脂的肝脏。由于油比水轻，所以肝脏能防止鲨鱼身体下沉。尽管如此，鲨鱼必须不停地游动以保持漂浮。肝脏也能起到能量仓库的功能。

鱼雷一般

大多数鲨鱼的身体是圆圆的，两端逐渐变细。这种鱼雷般的形状有助于它们游泳。但是有些鲨鱼，像天使鲨，有着扁平的身体，这种体形有助于它们在海底生活。

■ 鲨鱼通常有钝头形的吻。但是，锯鲨的吻很长，边缘是锯齿状的，这有助于它们从海底挖出猎物，或者对从身边游过的鱼发起猛击。

■ 锤头鲨头部的形状独特，有助于它们更好地观察周围环境。

鲨鱼的感官

鲨鱼拥有人类的全部感官，还有一些额外的感官。鲨鱼不仅能闻，能看，能感觉，能听，能品尝，它们还有第六感。这些感官能为它们的捕猎和长途旅行提供帮助。

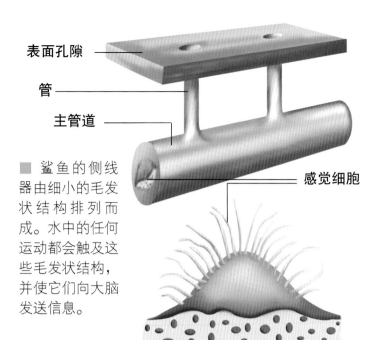

■ 鲨鱼的侧线器由细小的毛发状结构排列而成。水中的任何运动都会触及这些毛发状结构，并使它们向大脑发送信息。

表面孔隙
管
主管道
感觉细胞

活动的形式

鲨鱼的身体两侧都有充满液体的管道，从头到尾贯穿了它们的身体，这叫作侧线器。它使鲨鱼能够感知水中的运动。一些科学家认为，侧线器也能探测到低频音。

第六感

电通常来自电线和电池，但生物也会产生微弱的电流。鲨鱼能够借助第六感探测这些电流。鲨鱼吻上有探测电流的特殊网状细胞系统，这个系统能帮助它们探测电流。

侧线器

嗅觉

一般来说，鲨鱼的鼻孔位于吻的下方。它的功能是闻味道，而不是呼吸。有些鲨鱼有鼻须，看起来就像从鼻子底部伸展出来的浓密胡须。鼻须能帮鲨鱼感知物体和味道。

■ 失明的鲨鱼看不见物体，它们用鼻须找寻猎物。

视力

鲨鱼的视力很好，甚至比我们人类的视力还好。鲨鱼的眼睛和猫的眼睛一样，可以根据光线的强弱收缩或扩张，这有助于它们在昏暗的光线下看见东西。鲨鱼也能看见颜色。

■ 有些鲨鱼，如护士鲨，在眼睛后面有一个叫作"肺泡"的开口。鲨鱼在捕猎或进食时，用这些肺泡器官来呼吸。

有趣的事实

鲨鱼没有外耳瓣。相反，它们的耳朵长在脑袋里面，位于头盖骨的两侧。每只耳朵都会在鲨鱼的头部呈现出一个小孔的形状。

■ 大白鲨有敏锐的嗅觉，它们能检测到 100 升水中的一滴血液！

恐怖的牙齿

鲨鱼唯一强劲的武器是它们的嘴。除了天使鲨、巨口鲨、鲸鲨和须鲨，其他所有种类的鲨鱼的嘴都在鼻子下方，而这些种类的嘴长在吻的末端。鲨鱼身体上最重要的两个部分就是牙齿和下颌。

撕裂和破碎

鲨鱼不会咀嚼食物，而是一口吞下。它们只是用牙齿把食物撕成小块。有些鲨鱼还会用牙齿咬碎猎物的外壳。

大咬一口

大多数动物的下颌可以自由活动，上颌却与头骨相连。但是，鲨鱼的上颌位于头骨的下方，当鲨鱼攻击猎物时，上颌就会移开。这使鲨鱼能将整个嘴巴前移，咬住猎物。当它们下颌的牙齿刺穿咬住猎物时，上颌的牙齿会将猎物切开。

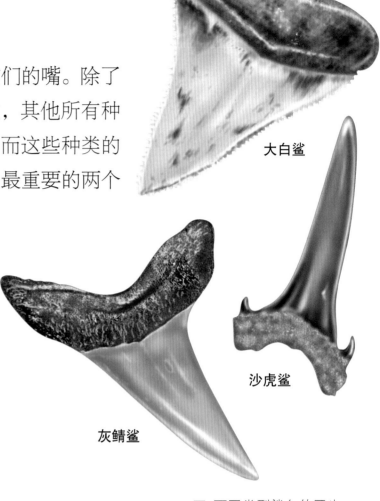

大白鲨

灰鲭鲨

沙虎鲨

■ 不同类型鲨鱼的牙齿。

■ 大白鲨的楔形大牙带有锯齿状边缘。巨齿鲨的牙齿是大白鲨牙齿的3倍大。

锤头鲨

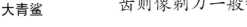

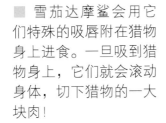

大青鲨

锋利的新牙

鲨鱼的牙齿经常脱落。因为那些磨损或破碎的牙齿会不断被新的、锋利的牙齿所取代，这个过程非常重要。换牙的频率为每两周进行一次。有些鲨鱼，比如大白鲨，新牙齿会在口中排成几排。

牙齿的类型

鲨鱼有各种各样的牙齿。有些牙齿长得像臼齿，能帮助鲨鱼磨碎食物。其他牙齿则像剃刀一般锋利。

真相档案

牙齿数量
超过 3 000 颗。
鲨鱼每次咬东西会用到 5~15 排牙齿。鲨鱼每隔10~21 天会更换一次牙齿。
最大的鲨鱼牙齿
巨齿鲨的牙齿，长约 15 厘米。
咬合力
平均为 1 800 千克/平方厘米。

有趣的事实

姥鲨的牙齿很小，它们并不会用牙齿来吃东西。恰恰相反，这种鲨鱼会吞下富含浮游生物的水。它们的嘴里有一种名叫"鳃耙"的特殊的须，当水流经过这些须时，它们就会将食物过滤出来。

■ 雪茄达摩鲨会用它们特殊的吸唇附在猎物身上进食。一旦吸到猎物身上，它们就会滚动身体，切下猎物的一大块肉！

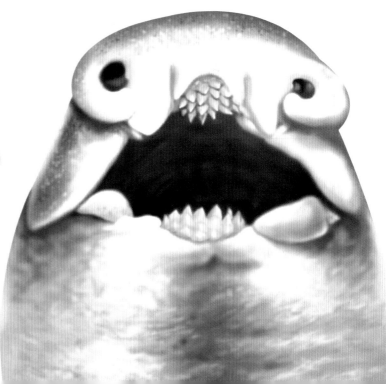

■ 杰克逊港鲨没有锯齿状的牙齿。它们的前牙是尖的，用来抓住猎物，后牙是扁平的，像臼齿一样，可以用来压碎猎物。

幼鲨

　　鲨鱼一次可以生100多条幼鲨！幼鲨有三种出生方式。

产卵

　　有些鲨鱼会像鸟一样产卵。母鲨会把卵放入海中。卵中的小鲨鱼从蛋黄中获取食物，直到孵化为止。小鲨鱼的父母并不会保护它们。角鲨和绒毛鲨就是可以产卵的鲨鱼，这种鲨鱼也被称为产卵鲨鱼。

鲨鱼的诞生

　　像锤头鲨这样的鲨鱼会产出幼鲨。卵在母鲨体内孵化，小鲨鱼直接从母亲那里获得食物。以这种方式生育后代的鲨鱼被称为胎生鲨鱼。柠檬鲨、锤头鲨、牛鲨和鲸鲨都属于胎生鲨鱼。

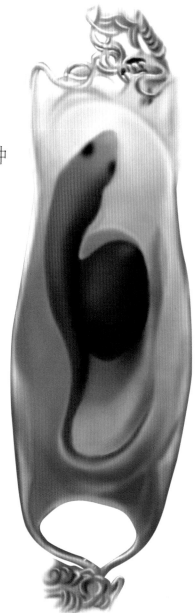

■ 某些鲨鱼的卵也被称为美人鱼的钱包，因为这些卵的外观很像手袋。卵内含有小鲨鱼赖以生存的蛋黄。

■ 角鲨的卵呈螺旋状，卵在产下之后的6~9个月内孵化。幼鲨通常体长15~17厘米。

内部孵化

有些鲨鱼，尽管卵会在母鲨体内孵化，但幼鲨却不能直接从母亲那里获得营养。相反，这些小鲨鱼以其他未受精的卵子为食。它们有时甚至会吃掉自己的兄弟姐妹！这种繁殖方式被称为卵胎生。

■ 一条正在产崽的鲨鱼。这条新生的小鲨鱼出生后会在海底躺一段时间。然后，它会拉紧与母亲相连的脐带。一旦脐带断了，小鲨鱼就会游走。

照顾小鲨鱼

鲨鱼并不照顾它们的孩子。小鲨鱼有很好的自理能力。事实上，它们一出生就远离母亲。有时母鲨甚至会吃掉自己刚产下的小鲨鱼。

■ 幼鲨的捕食者包括大鲨鱼和虎鲸。有些小鲨鱼甚至会被像石斑鱼这样的大鱼吃掉。

深海巨兽

　　几个世纪以来，巨鲨一直主宰着海洋世界。虽然现在最大的鲨鱼在体形上无法与巨齿鲨相比，但它们仍然长得非常巨大。在现代鲨鱼中，体形最大的是鲸鲨和姥鲨。

并非鲸鱼！

　　与它们的名字相反，鲸鲨并不是鲸鱼。鲸鲨是一头像一辆公共汽车那么长的鲨鱼！鲸鲨的大嘴长达1米。

过滤食物

　　鲸鲨和姥鲨都以浮游生物为食，它们从水中过滤出微小的海洋动植物。它们会张大嘴巴游泳，并吸入充满浮游生物的水。然后，鲨鱼通过附着在鳃上的特殊的须过滤食物，将食物吞下，并通过鳃缝将水排出。

有趣的事实

　　鲸鲨和姥鲨的游泳速度都不快。它们依靠左右摆动身体来游泳。这两种鲨鱼对人类都没有危险。

鲸鲨

多彩的皮肤

鲸鲨的皮肤呈浅灰色，并带有黄色的斑点和条纹。而姥鲨的颜色比较深。姥鲨的背部呈灰褐色、黑色或蓝色，腹部呈灰白色。

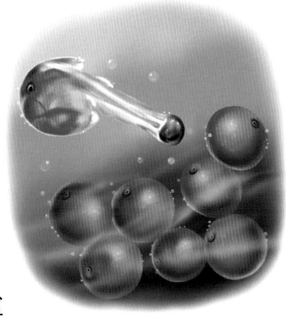

■ 鲸鲨喜欢吃鱼卵。众所周知，它们会等上几小时，直至鱼产卵，这样它们就可以吃了。它们甚至年复一年地回到同样的地点，鱼会在这里交配并把卵排到水中。

姥鲨

姥鲨是世界上体形第二大的鲨鱼。它们的吻部很短，呈圆锥形。与独来独往的鲸鲨不同，姥鲨通常会在由 100 条姥鲨组成的鲨鱼群里活动。

■ 姥鲨喜欢在海洋表面缓慢游动，这使它们看起来像是在晒太阳。故而英文名为 basking shark。Bask 是晒太阳的意思。

深海中的侏儒

　　并不是所有鲨鱼都是巨大的怪物。事实上，有些鲨鱼甚至小到能放进你的手掌！体形小的鲨鱼有斑鳍光唇鲨、侏儒额斑乌鲨和硬背侏儒鲨。但是，和它们体形更大的兄弟姐妹一样，小鲨鱼也有强壮的牙齿，被它们咬上一口也会非常疼痛！

鲸鲨

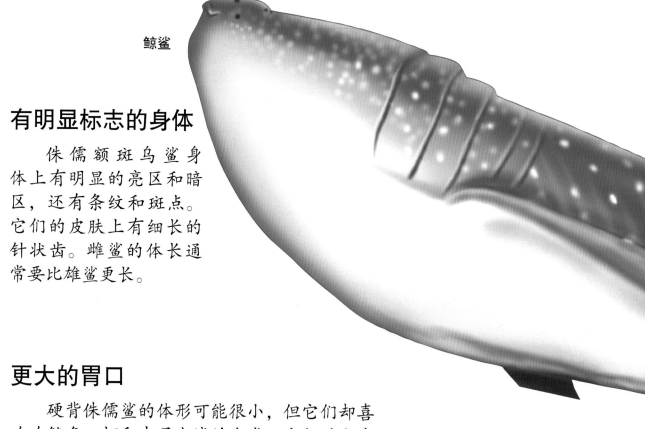

有明显标志的身体

　　侏儒额斑乌鲨身体上有明显的亮区和暗区，还有条纹和斑点。它们的皮肤上有细长的针状齿。雌鲨的体长通常要比雄鲨更长。

更大的胃口

　　硬背侏儒鲨的体形可能很小，但它们却喜欢吃鱿鱼、虾和中层水域的鱼类。它们的上齿又窄又小，下齿却很大，像刀一样。

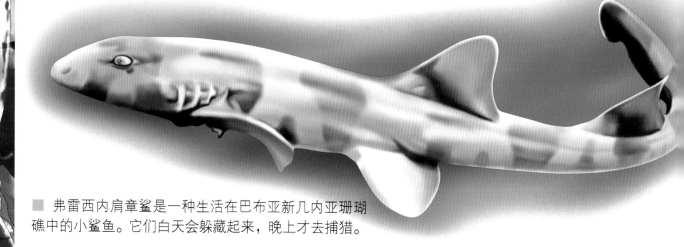

■ 弗雷西内肩章鲨是一种生活在巴布亚新几内亚珊瑚礁中的小鲨鱼。它们白天会躲藏起来，晚上才去捕猎。

体形小，会发光

　　硬背侏儒鲨的身体非常光滑，有一个球状的吻部。它们的身体呈深灰色到黑色不等，鳍尖呈白色。它们的腹部在黑暗中会发光。硬背侏儒鲨生活在深水中，很少被发现。

有趣的事实

　　硬背侏儒鲨通常生活在海底。不过据了解，这种鲨鱼会在夜间游到 198 米水深的地方，在中水区域捕猎。

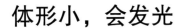
　　■ 斑鳍光唇鲨生活在泥泞的海底、斜坡和外部大陆架上。与巨大的鲸鲨相比，它们看起来很小。

海底的丝带

　　斑鳍光唇鲨是深棕色的，鳍上有黑色斑纹。它们分布在坦桑尼亚、印度、越南和菲律宾附近海域。这种小鲨鱼以小型硬骨鱼和甲壳类动物为食。

大白鲨

大白鲨因在电影《大白鲨》中嗜血食人的形象而臭名昭著，它们是体形最大的掠食性鲨鱼。大白鲨这个名字非常贴切，因为这种鲨鱼有多达 3 000 颗锋利的牙齿！它们体长可达 4.5 米，重达 1 360 千克！大白鲨也被称为"白色指针"和"白色死亡"。

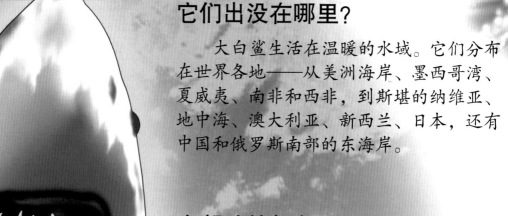

它们出没在哪里？

大白鲨生活在温暖的水域。它们分布在世界各地——从美洲海岸、墨西哥湾、夏威夷、南非和西非，到斯堪的纳维亚、地中海、澳大利亚、新西兰、日本，还有中国和俄罗斯南部的东海岸。

有帮助的颜色

大白鲨实际上是灰色或是蓝灰色的，腹部是白色的。它们的颜色能帮助它们在不被注意的情况下接近猎物。从它们身体的下面往上看，大白鲨白色的腹部与天空明亮的光线反射融合在一起。这种鲨鱼经常悄悄地靠近猎物。鲨鱼灰色的皮肤能帮它们融入黑暗的水中。

■ 大白鲨是独居动物，喜欢独自游泳。不过，它们有时也会成对出现。

凶残的咬食

大白鲨的嘴巴经常是张开的，人们经常能看到它们一排排白色锋利的三角形牙齿。大白鲨牙齿的长度可达 7.5 厘米。那些旧牙齿和坏牙齿会被新牙齿代替。

■ 大白鲨经常会在追逐海豹时跃出水面。这被称为"跃身击浪"。

有趣的事实

大白鲨是卵胎生的动物。大白鲨的卵会一直留在母鲨体内直到孵化。随后，母鲨会生下活的幼鲨。

它们吃什么？

大白鲨以海豚、海狮、海豹、大型硬骨鱼，甚至企鹅为食。尽管它们以食人闻名，但通常不会攻击人类。大白鲨也是食腐动物，它们会吃漂浮在水面上的动物尸体。大白鲨会先对猎物发起攻击，把它弄伤，然后离开。当猎物因疼痛和出血体力不支时，大白鲨就会慢慢接近它。大白鲨不咀嚼食物，而是将猎物撕成能一口吃下去的碎片，再吞咽下去。美餐之后，大白鲨就可以一个多月不吃东西了！

■ 大白鲨会攻击鹈鹕，但它们更喜欢吃海豹。

虎鲨和牛鲨

　　许多鲨鱼，就像虎鲨和牛鲨一样，是以陆地动物命名的。虎鲨背部有深色条纹，与大型猫科动物相似。但随着年龄的增长，条纹往往会逐渐消失。牛鲨因其又宽又短的吻部而得名，它们的吻部很像牛鼻子。

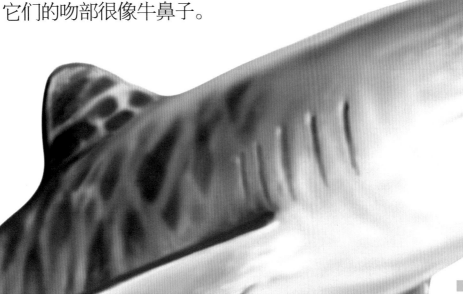

■ 虎鲨的视力很好，这得益于一种叫作气门的特殊鳃缝。气门位于虎鲨的眼睛后面，这个狭缝为虎鲨的眼睛和大脑提供氧气。

凶恶的虎鲨

　　虎鲨有一张非常大的嘴巴和一个强有力的下颚。这种鲨鱼的三角形牙齿有锯齿状的边缘，能切割许多物体。虎鲨并不擅长游泳，它们经常在夜间捕猎。

垃圾食客

　　虎鲨热爱食物，几乎什么都吃。生物学家在死虎鲨的胃里发现过闹钟、罐头瓶、鹿角，甚至鞋子！虎鲨也以其他鲨鱼、鱼、海龟和螃蟹为食。

■ 虎鲨经常捕食那些在学习飞行时坠入大海的信天翁幼鸟。

牛鲨

牛鲨生活在沿海地区，在河流和淡水湖中也常见到它们的身影。牛鲨以鱼，其他鲨鱼、海龟、鸟类和海豚为食。有意思的是，成年雌牛鲨的身体要比雄牛鲨的更长。

危险区域

接近牛鲨和虎鲨是很危险的，因为它们都是食人鲨。虎鲨是仅次于大白鲨的第二大威胁人类的鲨鱼。牛鲨则排名第三。

有趣的事实

牛鲨在每个季节都会从亚马孙河的上游一直游到海里。在这段旅程中，它们会游 3 700 千米。

■ 牛鲨几乎没有天敌，但也有牛鲨被鳄鱼吃掉的报道。

游泳飞快的灰鲭鲨

鲨鱼是游泳好手，它们中游得最快的是灰鲭鲨。据记录，灰鲭鲨游泳的速度可达 31 千米 / 小时。灰鲭鲨以能跃出水面 6 米高而闻名。它们甚至会跳进船里！

适合高速游泳的身形

灰鲭鲨能游得很快，是因为它们圆滑、纺锤状的体形。它们还有一个又长又尖的吻。灰鲭鲨的侧鳍很短，尾鳍呈新月形，能在游泳时提供更大的力量。

其他近亲

灰鲭鲨属于鲭鲨目。其他属于此目的鲨鱼包括大白鲨、鼠鲨和沙虎鲨。沙虎鲨又称灰护士鲨，生活在世界上最温暖的海域。鼠鲨得名于它们的外形很像鼠海豚。

■ 众所周知，沙虎鲨会游到水面上大口吸进空气。它们会屏住胃里的空气，一动不动地躺在水中。

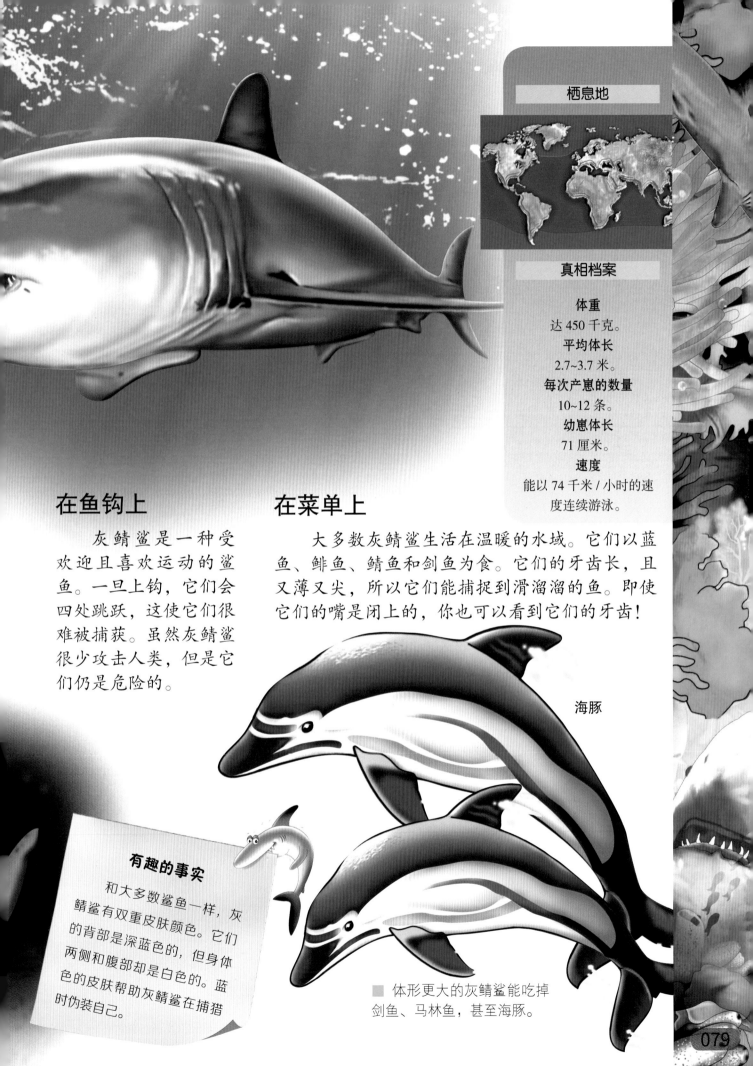

栖息地

真相档案

体重
达 450 千克。

平均体长
2.7~3.7 米。

每次产崽的数量
10~12 条。

幼崽体长
71 厘米。

速度
能以 74 千米 / 小时的速度连续游泳。

在鱼钩上

灰鲭鲨是一种受欢迎且喜欢运动的鲨鱼。一旦上钩，它们会四处跳跃，这使它们很难被捕获。虽然灰鲭鲨很少攻击人类，但是它们仍是危险的。

在菜单上

大多数灰鲭鲨生活在温暖的水域。它们以蓝鱼、鲱鱼、鲭鱼和剑鱼为食。它们的牙齿长，且又薄又尖，所以它们能捕捉到滑溜溜的鱼。即使它们的嘴是闭上的，你也可以看到它们的牙齿！

海豚

有趣的事实

和大多数鲨鱼一样，灰鲭鲨有双重皮肤颜色。它们的背部是深蓝色的，但身体两侧和腹部却是白色的。蓝色的皮肤帮助灰鲭鲨在捕猎时伪装自己。

■ 体形更大的灰鲭鲨能吃掉剑鱼、马林鱼，甚至海豚。

079

真鲨

真鲨是最常见的一种鲨鱼。它们的吻部很长，嘴巴一直延伸到眼睛后面。它们的眼睛也很特别。真鲨的眼睛有下眼睑，能在捕猎过程中移动，并遮住眼睛。真鲨包括锤头鲨、须鲨和绒毛鲨，以及所有真鲨科的鲨鱼，如虎鲨、大青鲨、柠檬鲨、牛鲨和某些礁鲨。

柠檬鲨

黄色的鲨鱼

柠檬鲨因其深黄棕色的背部而得名。不过，它们的肚子是灰白色的。这种鲨鱼主要在夜间捕食，它们在白天喜欢懒洋洋地躺在海底。

蓝色情怀

大青鲨的身材修长，背部为深蓝色，身体两侧是亮蓝色，腹部为白色。它们也有细长的吻和大大的眼睛。大青鲨是仅次于灰鲭鲨的游泳高手。虽然海洋中曾经有很多大青鲨，但是过度捕捞导致了它们数量的下降。

■ 大青鲨眼睛上的瞬膜能在捕猎时帮它们保护眼睛。

绒毛鲨能通过吞咽大量的水增加身体的尺寸，这也吓跑了它们的天敌。

危险因素

柠檬鲨生活在水面附近，它们的身影经常出现在海湾、码头和河口。虽然柠檬鲨会游到人类活动的区域附近，但它们只有在受到挑衅时才会攻击人类。与此同时，大青鲨生活在远离海岸的地方，据了解它们会攻击人类。

有趣的事实

大青鲨迁徙的距离最长。它们会长途跋涉 2 000~3 000 千米，从美国纽约州一直游到巴西。

虽然大多数鲨鱼以其他海洋动物为食，但加州海狮却喜欢吃幼小的大青鲨。

不用对食物大惊小怪

大青鲨能吃任何东西，但它们更喜欢吃乌贼和鱼。而柠檬鲨则喜欢以螃蟹、鳐鱼、虾、海鸟和小鲨鱼为食。

礁鲨

鲨鱼生活在海洋的不同区域。有些鲨鱼，如黑鳍礁鲨、白鳍礁鲨和加勒比礁鲨，生活在珊瑚礁附近。潜水者和喜欢涉水的人经常能接触到这种鲨鱼。

■ 白鳍礁鲨是胎生动物。每窝幼鲨的数量为 1~5 条不等。幼鲨的体长大约为 61 厘米。

白色的表亲

白鳍礁鲨的身上是灰色的，背鳍和尾巴尖部是白色的。白鳍礁鲨身体细长，头很宽。它们主要以硬骨鱼、章鱼、龙虾和螃蟹为食。

■ 白鳍礁鲨常被误认成白边真鲨。不过，白边真鲨的体重更大，它们鳍的边缘是白色的，而不像白鳍礁鲨那样只有尖部是白色的。

沉睡的鲨鱼

加勒比礁鲨生活在加勒比海的珊瑚礁附近。这种鲨鱼躺在海底一动不动，就好像是睡着了。它们喜欢吃硬骨鱼。

黑鳍礁鲨

黑鳍礁鲨看上去很有趣。它们的身体是灰色的，但鳍尖却是黑色的。这种鲨鱼的体侧有一条白色条纹。水族馆里的黑鳍礁鲨数量不少。

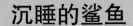

有趣的事实

白鳍礁鲨在晚上最为活跃，它们会在珊瑚礁中漫步，寻找食物。而在白天，这种鲨鱼会在珊瑚洞里休息。白鳍礁鲨在休息的时候会成群结队，但它们喜欢独自捕猎。

■ 与其他鲨鱼不同，丝鲨的皮肤很光滑，这是因为它们齿状的鳞片紧密地排列在一起。尽管丝鲨大多生活在深海，但它们也经常出没于深水的珊瑚礁之间。

生活区域

礁鲨生活在不同的海域和不同深度的海水中。黑鳍礁鲨生活在水深 15 米之处的沙地上。白鳍礁鲨喜欢生活在珊瑚礁周围的角落和洞穴里。

天使鲨

天使鲨的身体扁平，这使它们看起来很像鳐鱼。它们经常把自己埋在沙子或泥里，只让眼睛和身体的顶部露出来。

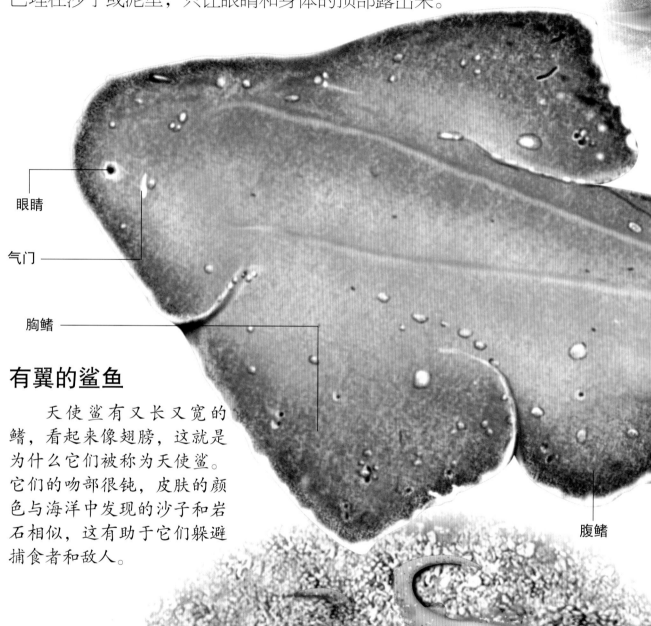

眼睛

气门

胸鳍

腹鳍

有翼的鲨鱼

天使鲨有又长又宽的鳍，看起来像翅膀，这就是为什么它们被称为天使鲨。它们的吻部很钝，皮肤的颜色与海洋中发现的沙子和岩石相似，这有助于它们躲避捕食者和敌人。

■ 天使鲨和鳐鱼都会产下幼崽。它们有相似的扁平身体，不同的是，天使鲨的鳍并不附在头部两侧。

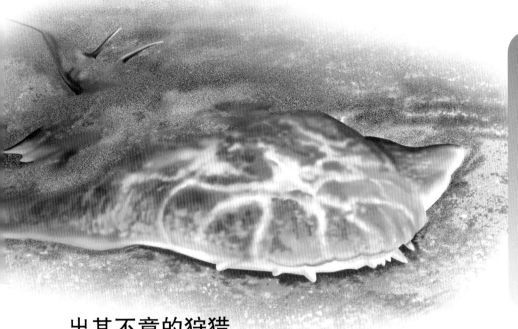

出其不意的狩猎

天使鲨隐藏在沙子和岩石中等待猎物的出现。当一条鱼游过时，天使鲨会突然向它猛扑过去。天使鲨吃鱼、甲壳类动物和软体动物。它们有小而锋利的牙齿。

第一背鳍

第二背鳍

尾鳍

有趣的事实

如果不去招惹它们，天使鲨其实并不危险。但是如果你踩到了它们，它们就会咬人。这就是为什么天使鲨有时被称为"鲨魔"！

海底居民

天使鲨生活在海底，它们喜欢温暖的海水。天使鲨主要分布在太平洋和大西洋，它们游得并不快，但它们的猎物往往游速更慢！

■ 天使鲨以各种礁石中的鱼为食，包括黄花鱼、石斑鱼和比目鱼。

锤头鲨

　　锤头鲨是一种独特的生物，即使身在远处也很容易被发现。它们的头部扁平，呈长方形，就像一把锤子。锤头鲨的种类很多，人们可以通过它们头部的形状来区分锤头鲨的品种。

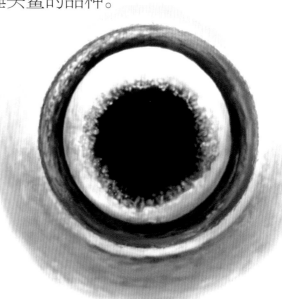

令人兴奋的特性

　　锤头鲨的眼睛位于它们形状独特的头部的末端，双眼之间的距离可以达到1米，因此锤头鲨可以看到更广阔的区域。锤头鲨的侧鳍很短，但它们扁平的头部有助于它们保持身体平衡。

锤头鲨的眼睛

很小的差异

　　锤头鲨的头部很直，中间有个小缺口。扇形的锤头周边有圆角，光滑的锤头部位又宽又平，且没有凹槽。窄头锤头鲨体形更小，头部呈铲形。

■ 锤头鲨身体的上部是深棕色或浅灰色的，甚至是橄榄色，腹部为白色。

锤头鲨会进行季节性迁徙，夏季时迁徙到更凉爽的水域。

甜蜜的家

在很多地方都能找到锤头鲨。它们既可以生活在水深 300 米的地方，也能在浅海地区生活，包括潟湖。锤头鲨通常出没于地中海以及大西洋、太平洋和印度洋等海域。

有趣的事实

天使鱼是锤头鲨正式的清道夫，它们从锤头鲨的皮肤甚至嘴中挑出寄生虫。有趣的是，锤头鲨并不会吃掉这些清洁工。

黄貂鱼

用餐时间

锤头鲨吃螃蟹和鱼，但是它们最喜欢的食物是黄貂鱼。锤头鲨会用它们的"锤子"把黄貂鱼钉住。锤头鲨一般在太阳下山后进食，它们会沿着海底和近地表捕食。大锤头鲨也会吃掉小锤头鲨。

与众不同的鲨鱼

海底世界是一个奇妙的地方，它是各种形状、颜色和大小各异的动物的家园。鲨鱼也属于这个奇妙的世界。妆饰须鲨、须鲨和角鲨只是鲨鱼家族中一些奇特的成员。

■ 人们认为角鲨不会对人类构成威胁，但如果惹到它们，它们鳍上的刺会伤人。

长着角的猪

角鲨的头部短而钝，看起来很像猪！角鲨要么是灰色的，要么是棕色的，身上还有黑色斑点。角鲨的小牙齿位于下颌的前部，两侧有巨大的白齿。它们在晚上最活跃，以海胆、螃蟹、蠕虫和海葵为食。

华丽的海洋生物

华丽的妆饰须鲨生活在澳大利亚和太平洋沿岸的珊瑚礁中。说它们华丽，是因为它们的皮肤上有棕色、黄色和灰色的图案，这有助于它们融入周围的环境中。

食物诱惑

须鲨的嘴周围有像虫子一样的突起，它们会用这些突起把猎物吸进嘴里。和天使鲨一样，须鲨也会把自己伪装在海底，让遇袭者大吃一惊。

■ 斑鳍鲨是鲸鲨的近亲，但二者几乎没有相似之处。斑鳍鲨体形小，它们身上有带着白色斑点的黑色"衣领"。

华丽的妆饰须鲨

有趣的事实

角鲨的卵壳形状奇特，呈螺旋状，就像一颗螺丝钉。每个卵中都有一条幼崽，卵需要 6~9 个月的时间才能孵化。

水中的加布林鲨

加布林鲨有个不寻常的吻，它们的吻部又长又平又尖。当加布林鲨吃东西的时候，它们的下颚会突出出来，这使它们看起来确实很奇怪。加布林鲨的皮肤柔软、苍白，呈粉灰色。

■ 人们对加布林鲨知之甚少，但确定加布林鲨的游速很慢。

步入恐龙世界！

恐龙

随着时间演化

人们普遍认为，地球是由大约 46 亿年前的一次"大爆炸"造成的。地球的历史按照时间长度或时代来划分，每个时代又都被进一步划分为更小的时间段，即周期。

▲ 盘古大陆，3 亿年前的超级大陆。

▲ 在分裂成各个大陆之前，地球上的陆地是一个整体。

时代的故事

时代和时期是基于岩石的形成方式以及岩石所含的化石种类而区分的。当科学家们注意到岩石的颜色和种类突然产生变化时，他们就把这些变化标记为新时代或新时期的开始。地球的历史可分为四个时期。前寒武纪是从地球诞生至寒武纪大爆发的时期。寒武纪大爆发时期，许多生命形式得以发展，这也是古生代的开端。在古生代，体积大到肉眼可见的生物得以进化。中生代是包括恐龙在内的爬行动物的时代，恐龙的灭绝标志着这个时代的结束和近代生命或者新生代的开始。新生代见证了包括人类在内的哺乳动物的崛起。

▲ 在中生代，地球上生活着许多恐龙。

恐龙的事实

起初，大陆都连接在一起，形成了一块超级大陆，即盘古大陆。侏罗纪时期，盘古大陆分为劳亚古陆和冈瓦纳古陆，这反过来又促进了各种恐龙的进化。

恐龙的起源

起初，地球的环境对生命体而言相当恶劣。大约 30 亿年前，海洋中出现了微生物。简单的生命形式出现在海洋之中。渐渐地，这些生命形式进化为能在陆地上移动的生物和可以飞行的生物。

可怕的蜥蜴

"恐龙"这个名字的意思是"可怕的蜥蜴"，人们认为恐龙是由爬行动物进化而来的。爬行动物之所以能在中生代存活下来，是因为它们完全适应了不断变化的环境。最早的爬行动物出现于大约 3 亿年前，它们是从两栖动物进化而来的。两栖动物需要在水中待上一段时间才能产卵，而爬行动物则不同，它们身上长出了坚硬的鳞片状皮肤，这有助于它们在陆地上生活。此外，它们还产下了能在陆地上孵化的硬壳蛋。油页岩蜥、米勒古蜥、盾甲龙是最早的爬行动物。

🔺 棘螈是最早拥有可识别的四肢，并能上岸的脊椎动物之一。

恐龙的祖先

科学家们认为，曾经生活在 2.3 亿年前现已灭绝的槽齿类动物，即初龙类动物，是鳄鱼、翼龙和恐龙的祖先。它们是食肉的四足动物，长着长下巴和长尾巴。这些动物长着嵌齿，也就是说它们的牙齿是嵌在颌骨上的，这就导致它们进食时牙齿不太可能松动。它们的牙齿表面也有鳞。初龙长得很像鳄鱼，但它们实际上已经进化成了恐龙。

古鳄是恐龙世界里的科莫多巨蜥。这种大型爬行动物是伏击捕食者，它们会等待猎物进入水中，然后攻击它！

恐龙的事实

在大约 2.48 亿年前的二叠纪末期，70% 以上的陆地生物和 90% 的海洋生物灭绝了。然而各种各样的生命形式，包括从二叠纪祖先进化而来的恐龙，都在这次大灭绝之后幸存下来，得以繁荣发展并继续进化。

早期的恐龙

为了生存，生物必须进化并适应环境。对一些恐龙来说，主要的适应能力之一是能用两条腿站立，这能帮助它们跑得更快。派克鳄是一种食肉爬行动物，它们是后来恐龙进化的关键环节。它们的后肢较长，这有助于它们用两条腿在短距离内奔跑，正是这种特殊的能力使它们比速度慢的四足爬行动物更有优势。

始盗龙是最早的恐龙之一。它们生活在 2.3 亿到 2.25 亿年前。

两种恐龙

恐龙是根据骨骼结构来分类的，有两种类型——鸟臀式和蜥臀式。有趣的是，蜥臀类恐龙进化成了我们今天所知道的鸟类。

骨的因素

鸟臀式恐龙被归类为鸟臀类，蜥臀式恐龙被归类为蜥臀类。在鸟臀类中，耻骨向下指向尾巴，与坐骨平行，这一特征使鸟臀类恐龙在运动时更加稳定。在蜥臀类中，耻骨向下指向前方。

绝对素食

所有的鸟臀类恐龙都是食草动物。它们的进化过程发生在三叠纪时期，在白垩纪末期和其他恐龙一起灭绝。它们中许多恐龙都用四条腿走路（四足动物）。剑龙和三角龙是著名的鸟臀类恐龙。橡树龙和厚头龙是用两条腿行走的鸟臀类恐龙的例子。

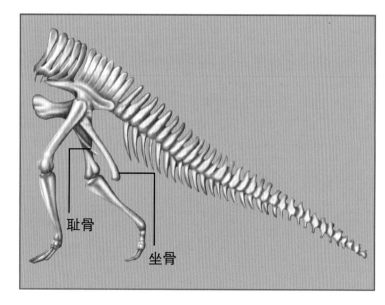

🦶 鸟臀类恐龙骨骼图解，可以看出耻骨和坐骨是平行的。

耻骨

坐骨

◀ 三角龙有三只角。一只短角从它们鹦鹉般的喙上突出，两只更长的角从眼睛上方突出。

一类中的两种恐龙

　　蜥臀类恐龙有两种：一种吃肉，用它们又大又壮的后腿快速行走；另一种吃植物。这些巨兽用柱子一般的腿走来走去。像霸王龙、伶盗龙和异特龙这样凶猛的食肉动物，以及像腕龙和泰坦龙这样的食草巨兽，都属于蜥臀类恐龙。

➤ 火山齿龙体形庞大，颈长尾长，身长大约 6.5 米。它们的脚上有指甲一样的爪子。

◄ 巨齿龙是一种身高约 9 米的凶猛掠食者。它们甚至可以杀死大型蜥臀类动物。

恐龙的事实

　　1887 年，哈里·丝莱将恐龙分为两类——鸟臀式和蜥臀式。从来没有人质疑过丝莱的分类。事实上，直到今天，这种区分在科学研究中被证明是非常有用的。

肉食者

食肉类恐龙最早出现在 2.25 亿年前，一直存活到恐龙灭绝。

➡ 食肉类恐龙的头部化石显示出尖尖的牙齿。

关键特性

大多数食肉类恐龙用两条腿走路。它们的长腿末端有 3 个脚趾和锋利的爪子。这些恐龙的前肢较短，胸部紧凑，尾巴较长，脖子弯曲而灵活。它们的速度和敏捷使它们成为优秀的猎手。食肉类恐龙的牙齿薄如刀锋，并有锯状的小锯齿，这些小锯齿使它们能够割开并撕扯猎物身上的肉。但是，信不信由你，有些食肉类动物没有牙齿，反而长着骨质喙！人们认为它们是用喙来破蛋的。

杀手还是拾荒者？

食肉类恐龙是活跃的猎手。它们以小组为单位狩猎，也可以独来独往。它们像老虎一样尾随着猎物，一有机会就发起攻击。有些食肉类恐龙是食腐动物。

➡ 小而凶猛的食肉类恐龙撕开了比它们自身大得多的恐龙的肉！

小和大

　　第一只食肉类恐龙体形非常小——只有约8厘米长！始盗龙、腔骨龙和埃雷拉龙是三叠纪早期的小型食肉类恐龙。后来恐龙的体形逐渐增大，它们的四肢变得更细，大脑变得更大，视力也变得更强。大型食肉类恐龙开始出现在侏罗纪时期，诸如双冠龙、南方巨兽龙、巨齿龙和角鼻龙等恐龙都是大型食肉动物。异特龙身长12米，是白垩纪最大的食肉类恐龙。

恐龙的事实

　　食肉类恐龙被统称为"兽脚类恐龙"。著名的美国化石猎人奥斯尼尔·查尔斯·马什在1881年首次提出这一分类。

◀异特龙有锋利的爪子，大约15厘米长；还有锋利的牙齿，大约10厘米长。

可怕的食肉动物

食肉类恐龙很凶猛。无论大小，它们都是当时顶级的掠食者。这些技术娴熟、聪明的猎手，用锋利的爪子和强有力的下颌撕开猎物的肉。

在一次猎杀中，霸王龙用它的后肢按住猎物，同时用牙齿撕咬它。

暴虐的霸王龙！

霸王龙可能是所有恐龙中最著名的。它们出现在白垩纪晚期，体长约 12 米，是最大的食肉类动物之一。霸王龙是一种强壮的恐龙，用两条有力的腿站立。捕猎时，霸王龙能以 36 千米 / 小时的速度冲向猎物。人们认为，它们朝向前方的眼睛能让它们看得很清楚。相对于霸王龙的庞大身躯来说，它们的前肢非常短，纤细的前肢上还有两个爪状的指头，每个指头都可以像钩子一样用来抓住猎物。

霸王龙被认为是所有恐龙中咬合力最大的！

恐龙的大小

恐爪龙的身长仅2米，但却是一种可怕的掠食者。它们能用两条后腿快速移动。它们最显著的特征是后肢第二个脚趾上有弯曲的爪子，这个爪子大约有13厘米长，在捕猎过程中，恐爪龙会用这些爪子猛击猎物。事实上，恐爪龙名字的含义正是"可怕的爪子"。这些聪明的动物会成群捕食，能够伤害比自己大很多倍的动物。

恐龙的事实

你知道吗？有一种食肉类恐龙更喜欢吃鱼而不是肉，这就是重爪龙。这种恐龙，体长约10米，爪子长约35厘米。它们的头很窄，鼻子像鳄鱼。汤匙形状的嘴尖能帮它们把鱼从水中捞起来。

➤ 恐爪龙的脑容量相当大，科学家认为它们是最聪明的恐龙之一。

其他食肉类恐龙

许多恐龙都是食肉类动物。通常被称为猛兽的驰龙和似鸟龙就是其中的两种。

名字有什么关系?

驰龙的意思是"奔跑的蜥蜴",它们大多体长2米左右。这种动物是所有恐龙中最凶猛的。当它们在丛林里捕猎时,脚上长长的致命的爪子和它们的"大手"派上了用场。由于体形小,大多数驰龙会成群捕食。它们是精明的猎手,捕猎时会寻找最弱的猎物。

许多种类

化石证实了白垩纪有许多盗龙,伶盗龙、火盗龙和犹他盗龙只是那个时期盗龙中的一小部分。伶盗龙是一种凶猛的掠食者,拥有锋利的锯齿状牙齿,每只脚的第二个脚趾上都有一个镰刀状的大爪子。它们用这些爪子猛击猎物,把猎物弄伤,直到猎物放弃挣扎。

这是伶盗龙镰刀一样的爪子的化石。这个爪子的长度约为9厘米。

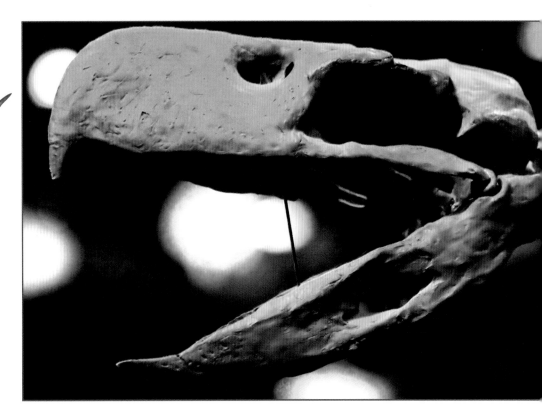

🐾 伶盗龙又叫迅猛龙，意思是"脚步快的龙"。它们是一种能快速奔跑的两足恐龙。这是一种小型恐龙，体长大约 2 米，身高约 1 米。

🐾 似鸟类恐龙这种没有牙齿的恐龙，用它们的骨质喙啃食昆虫、小型爬行动物和哺乳动物，以及水果、蛋、种子和树叶。

恐龙的事实

窃蛋龙是一种类似鸟类的恐龙。它们可能被绒毛覆盖，身体的某些部位可能长有羽毛。它们还有一个骨质冠。前肢可能像翅膀一样。它们名字的意思是"偷蛋者"，因为人们误以为它们偷原角龙的蛋。事实上，窃蛋龙是溺爱孩子的父母。

是不是鸟？

似鸟龙，或者说"鸟类的模仿者"，与今天一些不会飞的鸟类很相似，比如鸵鸟和鸸鹋。它们有长长的腿，纤细的前肢和没有牙齿的喙。它们又长又硬的尾巴使它们在奔跑时能够保持平衡。似鸟龙、似鸡龙、恐手龙和似驼龙都是白垩纪时期著名的似鸟类恐龙。因为这些恐龙没有牙齿，它们不能完全仅靠吃肉生存。

素食者

食草类恐龙大约出现在 2.2 亿年前。它们比最大的食肉类恐龙大得多。这些巨兽在侏罗纪时期繁盛，那时地球上生长着各种各样的植物。

力量的支柱

奥斯尼尔·查尔斯·马什把这些食草类恐龙归为蜥脚类动物，也就是"蜥蜴的脚"。不像它们的食肉亲戚，食草类恐龙用四肢行走。它们有粗壮的柱状腿、长长的脖子和尾巴。但它们的头相对较小。

食草类恐龙比食肉类恐龙数量多，种类也更多。

丰富的食物

这些食草类动物以蕨类、苔藓和高大树木的叶子为食。它们用牙齿从树枝上摘树叶。最大的食草恐龙，脖子又长又灵活，可以吃到最高的树的叶子。较小的食草恐龙以较矮的植物和树木为食。食草类恐龙不需要争夺食物，因为总有足够的食物供应给所有的恐龙吃。

敢不敢与我挑战？

因为食草类恐龙很重，所以它们无法跑过它们那些食肉的亲戚。但是如果它们缺乏速度，它们就有巨大的力量。当受到攻击时，食草类恐龙用强大的力量猛击敌人，把尾巴当鞭子，把脚当巨大的破碎机，给攻击者造成严重的伤害。食肉类恐龙通常远离这些巨兽。

➡ 没有植物就没有恐龙。食草类恐龙以植物为食，食肉类恐龙以较小的恐龙为食。

恐龙的事实

一些食草类恐龙的牙齿并不是为咀嚼树叶而设计的，所以它们常常直接把食物吞下去。许多食草类恐龙还吞下石头来帮助消化。这些石头有助于它们把胃里的叶子压成软浆。

103

腕龙

腕龙是最著名的恐龙之一。它们是恐龙世界里的长颈鹿，用它们那修长灵活的脖子从树冠上摘下叶子。

➤ 来看看一个成年男人和腕龙比起来有多小！

生物特性

腕龙是一种巨大的恐龙，大约 25 米长，16 米高。它们重约 16.5 吨。这种动物的长脖子优雅地摇摆着。它们有一个庞大的身体和四根柱状腿，有一个相对较小的头部。与大多数蜥脚类恐龙不同，它们的前腿比后腿长，所以它们的身体朝尾巴的方向倾斜。有趣的是它们的名字，意思是"手臂蜥蜴"，因为它们的前肢较长。

素食餐

腕龙通常成群活动。它们花大部分时间寻找食物。这种恐龙以银杏叶、针叶、棕榈叶和低矮的植被为食。腕龙的脖子长得惊人，它们可以吃到长得很高的树的叶子，甚至不用挪动脚就能吃到一大片树叶。它们有52颗像凿子一样的牙齿，用来拉咬树叶。腕龙把食物整个吞了下去，不咀嚼。

据说，腕龙在耗尽当地的食物后，会成群迁徙到食物更丰富的地区。

恐龙的事实

腕龙的鼻孔长在头顶上！这一定给了它们相当敏锐的嗅觉。腕龙甚至在看到食物和其他动物之前就能闻到它们的气味！

巨大的食草动物

许多食草类恐龙是从侏罗纪和白垩纪时期进化而来的。

最长

长约 27 米的梁龙是世界上最长的恐龙之一。和大多数食草类动物一样，它们有长长的脖子。梁龙的尾巴大约有 14 米长，相当于它们本身体长的一半！当梁龙移动时，它们的脖子和尾巴差不多处于同一水平线上，使它们看起来像行走的悬索桥。梁龙的名字，意思是"双梁"，之所以叫这个名字是因为它们长而灵活的尾巴，在尾骨下还另有一段骨头。当受到攻击时，梁龙会甩尾巴把攻击者吓跑。

高还是低？

直到不久前，许多科学家还认为梁龙和腕龙一样，会抬起长长的脖子从高高的树上摘树叶。但最近对其化石的研究表明，梁龙的脖子不能高出肩膀很多。这意味着，与大多数其他的食草类恐龙不同，这种恐龙无法够到树冠上的叶子。所以梁龙一定是以蕨类植物和低矮植物为食的。这意味着它们不需要与腕龙争夺食物，而这可能就是这两个庞然大物生存下来的原因。

← 此图为梁龙的 X 光图。看看它尾巴的骨骼数量！

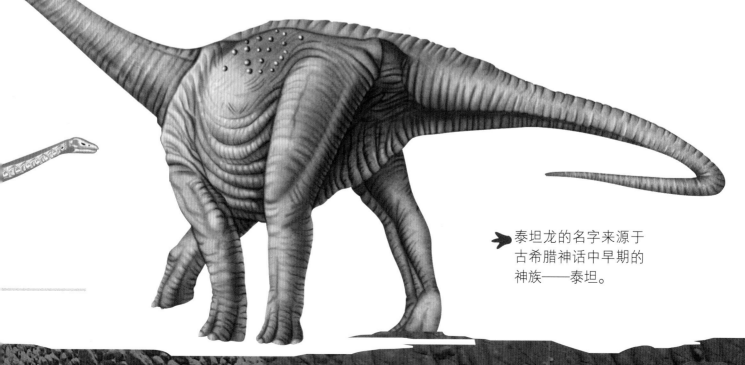

➡ 事实上，梁龙的体重比其他恐龙要轻，在 10~20 吨。

恐龙的事实

1871 年，在印度贾巴尔普尔镇附近首次发现了泰坦龙的骨头。它们无法与在此之前发现的其他恐龙骨骼相匹配，因此科学家推断它们一定属于一种新的恐龙。这种新恐龙于 1877 年被理查德·莱德克命名为"印度巨蜥"。

尖端细的尾巴

泰坦龙出现在白垩纪晚期。它们大约有 20 米长。和梁龙一样，它们的尾巴也像鞭子一样，并从根部到末端逐渐变细。当受到攻击时，泰坦龙把尾巴当作武器，疯狂地甩动尾巴，把攻击者吓跑。如果这招不管用，它们就会用又大又壮的腿去踢攻击者。泰坦龙属于泰坦龙类或"巨蜥类"的一种。一些泰坦龙有 30 米长！泰坦龙的身体上有骨质甲，皮肤上布满了小的骨质甲板来保护自己。

➡ 泰坦龙的名字来源于古希腊神话中早期的神族——泰坦。

武器和盔甲

随着时间演进，恐龙有了许多有趣的特征。一般来说，食肉动物长出了角和爪来捕猎，而食草动物则长出了盔甲来保护自己免受攻击！

板甲恐龙

结节龙是第一种全身披甲的恐龙。它们出现在大约1.75亿年前，名字的意思是"结节蜥蜴"，取自于它们皮肤上镶嵌许多块状的骨质结节。另外一个著名的板甲恐龙是甲龙。结节龙和甲龙的盔甲由扁平或凸起的骨质甲板组成。最大的板和刺通常在颈部，较小的在背部和尾部。骨质甲板之间的空隙被填满了骨质垫，这样使它们仍然可以灵活地移动。

人们认为，剑龙直立的甲板能帮助它们调节和控制体温。

包头龙的尾巴末端有一个骨锤，能够用来防御！

盾甲恐龙

有盾甲的恐龙包括剑龙家族。这些从中等到大型的食草动物有许多直立的骨质甲板，被称为盾，这些骨板从剑龙的皮肤上、背上和尾巴上长出来。不同的剑龙甲板排列方式也不同，一些脊椎和尾巴上有一对板，而另一些身体两侧有板。这种盾甲很有用，因为它们既可用于防御，也可用于攻击。科学家还认为这些甲板是用来求爱的。

角恐龙

角龙，也就是长角的恐龙，在白垩纪分布广泛。它们的体形从火鸡大小到大象大小不等。这类恐龙有的头上长着角，有的脖子上长着骨质褶皱，但它们的头骨上都有喙状的鼻子。科学家认为，除了有助于自卫，角和褶皱还被用来吸引配偶。在求偶战中，角龙会利用它们的角，努力地决定哪一个是最强壮的。

三角龙会在自我保护中冲向比自己大得多的捕食者！

恐龙的事实

棱背龙被认为是剑龙的祖先。它们的身体上有许多小小的骨板。有些骨板是脊状的，有些是锥形的。与剑龙的骨板不同，棱背龙的骨板不是尖的。

适应环境

装甲恐龙的种类有很多，它们有的身上有甲板，有的头上长了角。它们每种都是独一无二的，适应了它们的生存环境。

剑龙

剑龙是装甲剑龙家族中最大的恐龙。这种移动缓慢的食草动物，身长约9米。它们身体长而矮，脑袋小，后腿是前腿的2倍长。它们有17个大小不一的骨板，从脖子一直延伸到尾巴。没有人确切知道这些骨板是如何摆放的。它们可能是直线排成一排，也可能是交错成一排或两排。剑龙又粗又硬的尾巴末端还有两对覆盖着角的钉状脊，剑龙在受到攻击时可能会甩动尾巴自卫。

甲龙

甲龙大约有10米长，是最大的装甲恐龙之一。这种恐龙是一种矮胖的动物，有着宽大的桶形身体。它们有一个宽头骨和一个短脖子。它们的前腿比后腿短。这种恐龙的高度使得它们只能以低到地面的植物为食。甲龙整个身体的上部都被厚厚的椭圆形甲片覆盖着，甲片被嵌在坚韧的皮肤里，只有下腹部没有甲片。

▲ 甲龙身上长着板刺，头上长着角，尾巴像棒子一样，完全不受捕食者的伤害！

三角龙

三角龙名字的意思是"有三个角的脸"。三角龙是最著名的角恐龙。这种食草动物体形庞大，体长约9米，重约9吨。它们有鹦鹉一样的喙、许多咀嚼牙齿和强壮的下颌。三角龙用小牙齿咀嚼植物，然后将植物吞下。它们有一条短尾巴，还有粗壮的腿和蹄脚。三角龙的颈部有带骨瘤的褶皱。它们长着三只角，其中在眼睛上方的两只角长约1米，但它们的鼻角要短得多。一旦受到威胁，三角龙可能会用自己的角冲向敌人。

▼ 剑龙没有牙齿的喙可以咬植物，它们还有小颊齿可以咀嚼植物。

恐龙的事实

人们认为，剑龙的甲片上覆盖着有血管穿过的皮肤。因此，当这种生物受到威胁时，额外的血液会被泵入血管。这些多余的血液可能导致甲片变成粉红色，能向其他动物发出信号。

➤ 三角龙的角很像犀牛的角。

厚头龙

多年来，一种新型恐龙不断进化。这种恐龙就是厚头龙类恐龙或"厚头恐龙"。名字来源于它们极为厚实的头骨。它们用头骨保护自己免受敌人的攻击。

头部撞击

剑角龙身长约 2 米，它们是一种骨质冠类恐龙。年轻的剑角龙头骨相对扁平，但随着成长，它们头骨的圆顶会变得更加突出。头骨最厚的部分有 7 厘米。剑角龙的头骨后面有奇怪的骨质脊。雄性骨质冠类恐龙在争夺领地或配偶时，会用头撞对方。

恐龙的事实

冥河龙是唯一的一种头上长有尖刺的厚头龙，身长 10~15 厘米。它们头部也有许多凹凸不平的结节。

看看剑角龙如何用它们的厚头骨互相撞击，由此决定群中最强壮的一只恐龙。

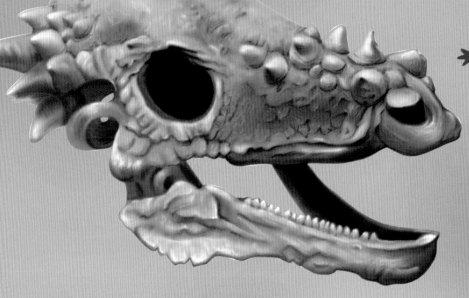

➤ 厚头龙长约 4.6 米，体重约 430 千克。它们的鼻子和后脑勺上有独特的凹凸不平的疙瘩。

容易抓握

剑角龙用两条长腿走动。它们较短的前肢上有 5 个指头，能帮它们抓住植物并拉到嘴边。它们指头上的爪子被用来挖根和其他的地下植被。

头骨最大的恐龙

厚头龙是厚头龙类恐龙的一种，是最后一批骨质冠类恐龙之一。它们的头骨化石证明其是所有骨质冠类恐龙中头骨最大的。它们的头骨还相当长——长约 60 厘米！形成头骨圆顶的骨头有 25 厘米厚！

牙齿和喙

在侏罗纪和白垩纪时期，出现了一种新的恐龙——鸟脚类恐龙。这是第一批真正拥有咀嚼牙齿的食草动物。它们也有颊袋，能帮它们更好地咀嚼食物。

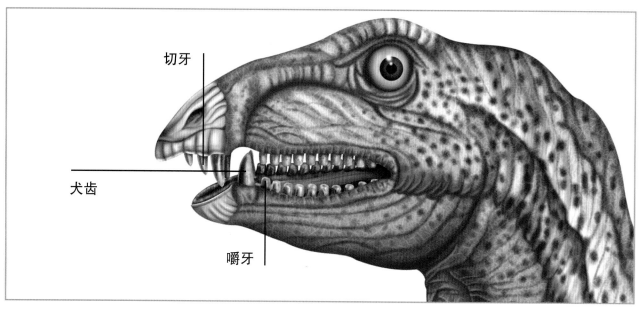

切牙

犬齿

嚼牙

▼ 异齿龙三种不同的牙齿。

关于牙齿

鸟脚类动物分为四类：异齿龙类、棱齿龙类、禽龙类和鸭嘴龙类。异齿龙有三种牙齿：凿子状的切牙，脊状的嚼牙，以及犬齿。只有雄性的异齿龙才有犬齿，它们可能用犬齿刺猎物，并向异性求爱。

磨牙

棱齿龙的嘴前部没有牙齿，所以它们只能用骨喙咬掉植物。它们有锯齿状的牙齿，可以用来咀嚼食物。棱齿龙像今天的牛和长颈鹿一样咀嚼，上下颌合在一起，上颌向外滑动，呈圆形运动，这有助于它们迅速磨碎食物，将食物变成多汁的浆状物。像棱齿龙一样，禽龙也能用骨喙咬断植物。小小的白齿能帮助它们把植物磨成浆。

鸭嘴龙

鸭嘴龙的喙像鸭子的嘴一样又宽又平。这种动物的下颚上还有大约 1 600 颗牙齿！它们的牙齿在下颚上分为三列排布，这种排列方式使它们可以很容易磨碎食物。鸭嘴龙的下颚上会长出新牙取代那些已经脱落的旧牙。

恐龙的事实

最著名的鸭嘴龙——慈母龙，是位慈爱的家长，会挖土筑巢。它们在草木中筑巢，为卵提供垫子，它们也会用植物将卵覆盖住。植物腐烂时产生的热量有助于孵蛋。

➤ 禽龙的前爪上有锥形的拇指尖，长 5~15 厘米。这可能被用于防御或获取食物。

从骨头到石头

化石是动物、植物或其他生物留存下来的遗骸。恐龙化石已被保存了数百万年。即使在今天，新的发现也在不断增加我们对恐龙的了解。

恐龙的事实

您相信恐龙的皮肤、肌肉、肌腱和器官也作为化石被保存下来了吗？像软组织这样的化石通常在石化之前就已经分解，因此很少见。恐龙皮肤的化石印记被称为恐龙"木乃伊"。

➤ 完整的恐龙骨骼化石的发现罕见又特殊。

保存在石头里

恐龙死后可能很快就被埋在泥土或沙子里，经过漫长的时间，更多的泥土、沙子和岩石覆盖了遗迹。由于长期的气候和矿物质的作用，恐龙的骨头腐烂了。骨头中的化学物质和矿物质与沙子和岩石中的矿物质融合在一起，这样骨头就变成了坚硬的石头或化石。只有恐龙身上最坚硬的部分，如骨头、牙齿、爪子和角，才能变成化石。对化石的研究，增进了我们对恐龙的了解。恐龙变成化石的条件非常少有，所以任何发现都是令人兴奋的事情。

化石什么样？

化石的形状与原始物体相同，但它实际上就是一块岩石！所以，化石是古代物体的岩石模型。化石的颜色、质地和重量与原始物体差别很大。化石的颜色和质地取决于它是由什么矿物质形成的。例如，彩蛇龙的骨头成了美丽的蛋白石化石！

因为化石是岩石，所以它们比原始物体重。

恐龙蛋的化石，里面有一只小恐龙！

这张照片展示了数百万年前保存在石头里的恐龙脚印。

化石的类型

恐龙化石一般分为铸型化石和印模化石两大类。在一块印模化石中，身体的一部分被周围形成的岩石的沉积物所掩埋，当身体部位腐烂时，会留下相同形状的洞或印记。当这个凹陷慢慢被矿物质填满，留下一块身体部位形状的石头时，就形成了一个铸型化石。遗迹化石是恐龙运动和行为的记录，如它们的脚印和爪印。这帮助我们了解它们的速度，脚趾的数量等。

索引